"韶关市土壤环境背景值调查"项目资助

广东省韶关市土壤环境背景值

GUANGDONG SHENG SHAOGUAN SHI TURANG HUANJING BEIJINGZHI

张 伟　刘子宁　贾 磊　陈 恩
张高强　朱文斌　窦 磊　莫 滨　编著

内容提要

本书基于韶关市土壤环境背景值调查数据资料,通过获取的韶关市全域表层、深层土壤约28.8万余个高精度的地球化学数据,采用原始数据和原始数据剔除异常值两种方法,按照行政区域、土壤类型、成土母质等分类统计了韶关表层土壤和深层土壤的地球化学参数,包括平均值、标准差、变异系数等,建立了韶关市土壤环境背景值,圈定了韶关市全域地球化学元素高背景区的分布范围,并对呈区域性分布的有毒有害元素组成、分布特征、成因来源及影响因素等进行了研究。

本书对于评价区域土壤环境质量,制定各类环境标准、法规,研究各类污染物在土壤中的迁移转化规律,进而预测、预报土壤环境污染的发展与变化趋势,制订土壤修复计划,合理规划工农业发展布局等,具有重要意义。

图书在版编目(CIP)数据

广东省韶关市土壤环境背景值/张伟等编著. —武汉:中国地质大学出版社,2021.9
ISBN 978-7-5625-5076-1

Ⅰ.①广…
Ⅱ.①张…
Ⅲ.①土壤环境-环境背景值-韶关
Ⅳ.①X825.01

中国版本图书馆 CIP 数据核字(2021)第 149417 号

广东省韶关市土壤环境背景值		张 伟 等编著
责任编辑:唐然坤 选题策划:唐然坤		责任校对:何澍语
出版发行:中国地质大学出版社(武汉市洪山区鲁磨路388号)		邮编:430074
电 话:(027)67883511 传 真:(027)67883580		E-mail:cbb@cug.edu.cn
经 销:全国新华书店		http://cugp.cug.edu.cn
开本:880毫米×1 230毫米 1/16	字数:294千字	印张:9.25
版次:2021年9月第1版		印次:2021年9月第1次印刷
印刷:武汉市籍缘印刷厂		
ISBN 978-7-5625-5076-1		定价:128.00元

如有印装质量问题请与印刷厂联系调换

前　言

广东省韶关市位于南岭成矿带上,地质作用复杂,有丰富的矿产资源,是中国著名的有色金属之乡。在表生地质作用下,岩石、土壤、水、生物之间相互作用,矿产资源开发过程中伴随着重金属释放、迁移、转化及累积。由于重金属变化的形成机理、累积效应、污染源识别等方面的研究尚不深入,系统性也不强,金属矿产的开发一直被认为是矿区、邻区及矿区下游地区的污染来源,往往忽略了区域性重金属高背景值对污染的影响,污染累积程度的评价也缺乏合适的指标。区域原生土壤继承高的重金属自然背景、人类对资源的开发利用在一定程度上叠加或改变了土壤的背景值。因此,为掌握韶关市土壤重金属高背景值区的分布范围及特点,并且构建完善韶关市的土壤环境保护标准体系,需要开展韶关市土壤环境背景值调查和动态监测。2017—2019年,韶关市生态环境局委托广东省地质调查院,实施并完成了"韶关市土壤环境背景值调查"项目。

通过近3年的调查工作,基于双层网格化地球化学调查方法,首次系统采集了韶关市全域的表层、深层土壤,获得了28.8万余个高精度的地球化学数据,圈定了韶关市土壤重金属元素高背景值的分布范围、农作物必需营养元素及有益元素的富集分布区,在韶关市首次提出了该区域土壤环境背景值系列参数,摸清了韶关市土壤环境质量的家底,建立了韶关市土壤环境背景值标准。在调查的基础上,广东省地质调查院负责起草编制了韶关市地方标准《土壤环境背景值》(DB 4402/T 08—2021),于2021年4月5日发布实施。《广东省韶关市土壤背景值》的主要内容由上述项目主要成果提炼而成。

本书共分为6章。第一章绪论,简要介绍了土壤环境背景值的研究现状及韶关市的交通地理位置、土壤和地质矿产背景,由张伟、刘子宁执笔;第二章土壤环境背景值调查,详细介绍了韶关市土壤环境背景值的野外调查方法、样品分析测试质量和参数统计,由张伟、朱文斌、陈恩执笔;第三章区域土壤地球化学特征,从元素组合特征与土壤地球化学分区角度出发,论述了韶关市元素地球化学特征,查明了韶关市土壤环境质量状况,由张高强、陈恩、莫滨执笔;第四章土壤元素地球化学基准值,基于成土母质,探讨了韶关市不同成土母质的土壤元素地球化学基准值特点,由贾磊、窦磊、刘子宁执笔;第五章土壤环境背景值,选取控制土壤环境背景值的主要因素,划分了统计单元,探索建立了韶关市土壤环境背景值,并系统论述了韶关市土壤重金属元素高背景值的分布范围及特点,由刘子宁、张伟、贾磊执笔;第六章结论与建议,由张伟、刘子宁执笔。

本书在编写过程中得到了韶关市生态环境局和广东省地质调查院领导、同仁的大力支持与帮助,广东省佛山地质局教授级高级工程师赖启宏审阅了书稿,提出了宝贵意见,在此一并表示衷心的感谢!

本书力求全面介绍"韶关市土壤环境背景值调查"项目在土壤环境背景值研究方面的成果,但由于土壤环境的复杂性和影响土壤环境背景值因素的多样性,加之受笔者现有水平和时间的限制,书中的不足之处在所难免,有些问题的研究也尚待深入研究,敬请各位专家和同仁不吝赐教,批评指正!

编著者
2021年5月

目 录

第一章 绪 论 ⋯⋯⋯⋯⋯⋯⋯⋯⋯⋯⋯⋯⋯⋯⋯⋯⋯⋯⋯⋯⋯⋯⋯⋯⋯⋯⋯⋯⋯⋯⋯⋯⋯ (1)
 第一节 土壤环境背景值研究现状 ⋯⋯⋯⋯⋯⋯⋯⋯⋯⋯⋯⋯⋯⋯⋯⋯⋯⋯⋯⋯⋯⋯⋯ (1)
  一、土壤普查和土壤环境背景值研究 ⋯⋯⋯⋯⋯⋯⋯⋯⋯⋯⋯⋯⋯⋯⋯⋯⋯⋯⋯⋯⋯ (1)
  二、区域地球化学调查 ⋯⋯⋯⋯⋯⋯⋯⋯⋯⋯⋯⋯⋯⋯⋯⋯⋯⋯⋯⋯⋯⋯⋯⋯⋯⋯⋯ (2)
  三、土地质量地球化学调查 ⋯⋯⋯⋯⋯⋯⋯⋯⋯⋯⋯⋯⋯⋯⋯⋯⋯⋯⋯⋯⋯⋯⋯⋯⋯ (3)
 第二节 韶关市土壤与地质矿产背景 ⋯⋯⋯⋯⋯⋯⋯⋯⋯⋯⋯⋯⋯⋯⋯⋯⋯⋯⋯⋯⋯⋯ (3)
  一、地形地貌特征 ⋯⋯⋯⋯⋯⋯⋯⋯⋯⋯⋯⋯⋯⋯⋯⋯⋯⋯⋯⋯⋯⋯⋯⋯⋯⋯⋯⋯⋯ (3)
  二、土壤类型特征 ⋯⋯⋯⋯⋯⋯⋯⋯⋯⋯⋯⋯⋯⋯⋯⋯⋯⋯⋯⋯⋯⋯⋯⋯⋯⋯⋯⋯⋯ (4)
  三、土地利用特征 ⋯⋯⋯⋯⋯⋯⋯⋯⋯⋯⋯⋯⋯⋯⋯⋯⋯⋯⋯⋯⋯⋯⋯⋯⋯⋯⋯⋯⋯ (7)
  四、水文特征 ⋯⋯⋯⋯⋯⋯⋯⋯⋯⋯⋯⋯⋯⋯⋯⋯⋯⋯⋯⋯⋯⋯⋯⋯⋯⋯⋯⋯⋯⋯⋯ (8)
  五、母质母岩特征 ⋯⋯⋯⋯⋯⋯⋯⋯⋯⋯⋯⋯⋯⋯⋯⋯⋯⋯⋯⋯⋯⋯⋯⋯⋯⋯⋯⋯⋯ (8)
  六、矿产特征 ⋯⋯⋯⋯⋯⋯⋯⋯⋯⋯⋯⋯⋯⋯⋯⋯⋯⋯⋯⋯⋯⋯⋯⋯⋯⋯⋯⋯⋯⋯⋯ (9)

第二章 土壤环境背景值调查 ⋯⋯⋯⋯⋯⋯⋯⋯⋯⋯⋯⋯⋯⋯⋯⋯⋯⋯⋯⋯⋯⋯⋯⋯ (10)
 第一节 采样点的布设与样品采集 ⋯⋯⋯⋯⋯⋯⋯⋯⋯⋯⋯⋯⋯⋯⋯⋯⋯⋯⋯⋯⋯⋯⋯ (10)
  一、采样点布设与样品采集 ⋯⋯⋯⋯⋯⋯⋯⋯⋯⋯⋯⋯⋯⋯⋯⋯⋯⋯⋯⋯⋯⋯⋯⋯⋯ (10)
  二、样品采集的质量评述 ⋯⋯⋯⋯⋯⋯⋯⋯⋯⋯⋯⋯⋯⋯⋯⋯⋯⋯⋯⋯⋯⋯⋯⋯⋯⋯ (14)
 第二节 样品的分析方法与质量监控 ⋯⋯⋯⋯⋯⋯⋯⋯⋯⋯⋯⋯⋯⋯⋯⋯⋯⋯⋯⋯⋯⋯ (14)
  一、土壤样品分析指标、配套分析方法及方法检出限 ⋯⋯⋯⋯⋯⋯⋯⋯⋯⋯⋯⋯⋯ (14)
  二、质量监控方案 ⋯⋯⋯⋯⋯⋯⋯⋯⋯⋯⋯⋯⋯⋯⋯⋯⋯⋯⋯⋯⋯⋯⋯⋯⋯⋯⋯⋯⋯ (16)
  三、质量评述 ⋯⋯⋯⋯⋯⋯⋯⋯⋯⋯⋯⋯⋯⋯⋯⋯⋯⋯⋯⋯⋯⋯⋯⋯⋯⋯⋯⋯⋯⋯⋯ (18)
 第三节 资料整理与参数统计 ⋯⋯⋯⋯⋯⋯⋯⋯⋯⋯⋯⋯⋯⋯⋯⋯⋯⋯⋯⋯⋯⋯⋯⋯⋯ (21)
  一、实际材料图的编制 ⋯⋯⋯⋯⋯⋯⋯⋯⋯⋯⋯⋯⋯⋯⋯⋯⋯⋯⋯⋯⋯⋯⋯⋯⋯⋯⋯ (21)
  二、参数统计 ⋯⋯⋯⋯⋯⋯⋯⋯⋯⋯⋯⋯⋯⋯⋯⋯⋯⋯⋯⋯⋯⋯⋯⋯⋯⋯⋯⋯⋯⋯⋯ (23)

第三章 区域土壤地球化学特征 ⋯⋯⋯⋯⋯⋯⋯⋯⋯⋯⋯⋯⋯⋯⋯⋯⋯⋯⋯⋯⋯⋯⋯ (24)
 第一节 元素地球化学分布特征 ⋯⋯⋯⋯⋯⋯⋯⋯⋯⋯⋯⋯⋯⋯⋯⋯⋯⋯⋯⋯⋯⋯⋯⋯ (24)
  一、表层土壤元素地球化学分布特征 ⋯⋯⋯⋯⋯⋯⋯⋯⋯⋯⋯⋯⋯⋯⋯⋯⋯⋯⋯⋯⋯ (24)
  二、深层土壤元素地球化学分布特征 ⋯⋯⋯⋯⋯⋯⋯⋯⋯⋯⋯⋯⋯⋯⋯⋯⋯⋯⋯⋯⋯ (27)
  三、元素富集分布区特征 ⋯⋯⋯⋯⋯⋯⋯⋯⋯⋯⋯⋯⋯⋯⋯⋯⋯⋯⋯⋯⋯⋯⋯⋯⋯⋯ (30)
 第二节 元素地球化学组合 ⋯⋯⋯⋯⋯⋯⋯⋯⋯⋯⋯⋯⋯⋯⋯⋯⋯⋯⋯⋯⋯⋯⋯⋯⋯⋯ (36)
  一、元素组合特征 ⋯⋯⋯⋯⋯⋯⋯⋯⋯⋯⋯⋯⋯⋯⋯⋯⋯⋯⋯⋯⋯⋯⋯⋯⋯⋯⋯⋯⋯ (36)
  二、元素组合的地质意义 ⋯⋯⋯⋯⋯⋯⋯⋯⋯⋯⋯⋯⋯⋯⋯⋯⋯⋯⋯⋯⋯⋯⋯⋯⋯⋯ (40)
 第三节 土壤地球化学分区 ⋯⋯⋯⋯⋯⋯⋯⋯⋯⋯⋯⋯⋯⋯⋯⋯⋯⋯⋯⋯⋯⋯⋯⋯⋯⋯ (43)
  一、地球化学分区方法 ⋯⋯⋯⋯⋯⋯⋯⋯⋯⋯⋯⋯⋯⋯⋯⋯⋯⋯⋯⋯⋯⋯⋯⋯⋯⋯⋯ (43)
  二、地球化学分区过程和结果 ⋯⋯⋯⋯⋯⋯⋯⋯⋯⋯⋯⋯⋯⋯⋯⋯⋯⋯⋯⋯⋯⋯⋯⋯ (44)

第四章 土壤元素地球化学基准值 …………………………………………………………………………（49）
第一节 基准值的求取 …………………………………………………………………………………（49）
一、基准值的定义 ……………………………………………………………………………………（49）
二、基准值的求取 ……………………………………………………………………………………（49）
三、深层土壤元素富集与贫化的界定标准 …………………………………………………………（49）
第二节 区域土壤元素地球化学基准值 ………………………………………………………………（50）
一、基准值概率分布特征 ……………………………………………………………………………（50）
二、全区深层土壤 pH …………………………………………………………………………………（52）
三、全区土壤地球化学基准值含量特征 ……………………………………………………………（52）
第三节 主要成土母质元素地球化学基准值 …………………………………………………………（53）
一、第四纪沉积物成土母质元素地球化学基准值 …………………………………………………（53）
二、沉积岩类成土母质元素/指标地球化学基准值 ………………………………………………（56）
三、火成岩类成土母质元素地球化学基准值 ………………………………………………………（63）
四、变质岩类成土母质元素地球化学基准值 ………………………………………………………（69）

第五章 土壤环境背景值 …………………………………………………………………………………（73）
第一节 土壤环境背景值的求取 ………………………………………………………………………（73）
一、土壤环境背景值的定义 …………………………………………………………………………（73）
二、土壤环境背景值的求取 …………………………………………………………………………（74）
三、表层土壤元素富集与贫化的界定标准 …………………………………………………………（74）
第二节 区域土壤环境背景值 …………………………………………………………………………（75）
一、土壤环境背景值概率分布特征 …………………………………………………………………（75）
二、全区土壤环境背景值含量特征 …………………………………………………………………（77）
三、土壤环境背景值与基准值比较 …………………………………………………………………（80）
第三节 主要成土母质土壤环境背景值 ………………………………………………………………（81）
一、第四纪沉积物成土母质土壤元素环境背景值 …………………………………………………（81）
二、沉积岩类成土母质土壤元素环境背景值 ………………………………………………………（85）
三、火成岩类成土母质土壤元素环境背景值 ………………………………………………………（91）
四、变质岩类成土母质土壤元素环境背景值 ………………………………………………………（95）
第四节 主要土壤类型环境背景值 ……………………………………………………………………（97）
第五节 主要行政区土壤环境背景值 …………………………………………………………………（114）
第六节 土壤重金属元素高背景分布范围及特点 ……………………………………………………（133）

第六章 结论与建议 ………………………………………………………………………………………（138）
第一节 主要认识 ………………………………………………………………………………………（138）
一、土壤元素的地球化学空间分布特征 ……………………………………………………………（138）
二、重金属元素、营养元素及有益元素富集分布特征 ……………………………………………（138）
三、土壤元素地球化学基准值特征 …………………………………………………………………（139）
四、土壤环境背景值特征 ……………………………………………………………………………（139）
第二节 建 议 …………………………………………………………………………………………（140）

主要参考文献 ………………………………………………………………………………………………（141）

第一章 绪 论

第一节 土壤环境背景值研究现状

土壤环境背景值是指在一定的自然历史时期,一定的地域内土壤中某些原有或准原有状态的物质丰度(史崇文等,1996;夏家淇和骆永明,2007;陈国光等,2008)。土壤环境背景值的研究对于评价区域性环境质量,制定各类环境标准、法规,研究各类污染物在土壤中的迁移转化规律,进而预测、预报环境污染的发展和变化趋势,制订环境治理计划,合理规划工农业发展布局等,均具有重要意义。

一、土壤普查和土壤环境背景值研究

1979年,在全国土壤普查办公室的领导下,广东省开展了第二次土壤普查,历时12年,至1990年全面完成,并于1993年出版了《广东土壤》(广东省土壤普查办公室,1993)。全省共完成土壤调查面积17.81万 km^2,其中土壤主剖面136 677个,耕地地块样352 001件,进行各项目土壤化验分析共计300多万项次,绘制省、市、县级土壤系列图5012幅,编写土壤普查报告109本。普查结果论述了全省自然条件、社会经济条件、人为因素等对土壤形成发育的影响,土壤物理化学及微生物性状,氮、磷、钾、有机质、微量元素等农化性状,高产土壤评价,土壤利用改良,荒地土壤利用和改造,土壤侵蚀和污染,土壤资源评价,土壤利用改良分区等,对广东省的农业生产、土地规划、土壤改良、土壤科研等均具参考价值。

我国从20世纪70年代中期开始,由中国科学院有关研究单位在北京、南京、广州等地,与环境保护部门合作开展了土壤元素环境背景值研究。1978年,我国农林部(于1979年撤销,设为农业部和林业部,1982年设为农牧渔业部,现为农业农村部)会同全国34个单位在13个省(自治区、直辖市),对主要农业土壤和粮食作物中9种元素的含量进行了研究(农业环境背景值研究编写组,1997)。1982年,中国环境监测总站组织有关部门和单位承担的"六五"国家重大科技攻关项目,对我国东北地区、长江流域和珠江流域几个气候带的典型区域开展了土壤与水体环境背景值研究,在湘江流域(21万 km^2,430个采样点)、松辽平原(24.6万 km^2,934个采样点)分别采集土壤样,获得Cu、Pb、Zn、Cd、Ni、Co、Hg、As共8种元素的背景值。

"七五"期间,国家环境保护局主持中国环境监测总站等60多个单位参加了国家重点攻关课题,调查了全国除台湾以外的土壤元素背景,提出了全国主要土类4095个剖面Cu、Pb、Zn、Cd、As、Ni、Co、Cr、F、Hg、Mn、Ni、Se(部分地区未测Se)和863个主剖面中其他48种元素的土壤环境背景值,出版了《中国土壤元素背景值》(中国土壤环境监测总站,1990)和《中华人民共和国土壤环境背景值图集》(中国土壤环境监测总站,1994)。

全国土壤元素背景值调查搜集了大量基础资料,积累了丰富的经验,为当时环境保护事业的发展和环境科学的基础研究提供了科学依据。

总的来说,我国土壤环境背景值调查在环境管理方面的应用归结起来有如下几点。

1. 土壤环境质量评价

土壤环境背景值是土壤环境质量评价最基本的依据,是判别土壤污染与否的重要标准。

2. 区域土壤环境质量控制

区域土壤环境质量控制必须以区域污染负荷总量控制为前提,污染负荷总量控制又建立在土壤环境容量基础之上,而土壤环境背景值正是土壤环境容量研究的必要参数。

3. 土壤环境质量标准的制定

由于土壤污染物到人体内必须通过食物链,两者的联系是间接的。土壤环境标准的制定有一定的难度,国内外尚缺乏较完善的土壤环境质量标准。在全国土壤环境背景值调查研究中,以土壤环境背景作为主要依据,进行了土壤环境质量标准制定的探索。主要是根据土壤环境的质量功能,将我国土壤划分为4类区域:一类为自然保护和生活饮用水源保护区,基本不受人为污染,为土壤背景值区;二类为农牧区,涉及各种食物链,为土壤背景值上限区;三类为天然、人工林地,基本不涉及食物链,已有轻度污染;四类为废弃物、污水土地处理区及城镇工矿用地,已经遭受污染。一类和二类区域主要根据土壤环境背景值限定,三类、四类区域要综合考虑生态效应及矿区土壤高背景值而提出建议标准值。以Hg、Cd、Pb、As为例,其土壤环境标准建议值如表1-1。

表1-1 我国土壤 Hg、Cd、Pb、As 的标准建议值   单位:mg/kg

级别	名称	水平	制定根据	推荐值
一级	背景值	理想水平	几何平均值×几何标准差	Hg 0.10,Cd 0.15,Pb 30,As 10~15
二级	基准值	可接受	几何平均值×几何标准差的平方	Hg 0.20,Cd 0.30,Pb 60,As 20
三级	警戒值	可忍受	有生态影响	Hg 0.50,Cd 0.50,Pb 100,As 27
四级	临界值	超标	严重生态影响	Hg 1.0,Cd 1.0,Pb 300,As 30

二、区域地球化学调查

自1978年以来,以水系沉积物测量为主的区域地球化学调查(即全国的区域化探全国扫面计划)已覆盖全国陆地面积约690万 km^2,占全国可扫面积的90%以上。其中,1∶20万(1∶25万)区域地球化学调查工作已完成了约620万 km^2,基本实现了中东部地区可扫面积全覆盖和西部地区大部分覆盖,积累了海量的高质量基础地球化学数据。这些资料和数据在我国的资源勘查尤其是金矿勘查中发挥了巨大作用,还为基础地质研究、环境、生态及农业地质的研究提供了新的资料和依据,取得了巨大的经济社会效益和举世瞩目的成就。依托高质量基础地球化学数据,建立了全国39种元素不同构造单元、不同景观区、不同成矿带的水系沉积物背景值,为进一步深入开发利用区域化探数据和资料提供了可供对比的基础数据。

广东省1∶20万区域地球化学测量共涉及36个1∶20万图幅,实际采样面积为16.58万 km^2,共采集样品近20万件,其中水系沉积物样品17.76万件,土壤样品2.2万件;共计分析了43项指标,即Al、Ba、Ca、Co、Cr、Cu、Fe、K、La、Mg、Mn、Na、Nb、Ni、P、Pb、Si、Sr、Th、Ti、V、Y、Zn、Zr、Ag、B、Be、Sn、Cd、Li、U、F、Mo、W、As、Bi、Hg、Sb、Au、Ta、S、Rb、Cs等,获取了不同汇水盆地、不同地质单元水系沉积物中元素的平均值及相关地球化学参数,通过对背景值的研究,圈定了1271处地球化学异常;为地质找矿、成矿预测提供了重要的区域地球化学资料,首次系统建立了广东省不同地层岩石和水系沉积物元素地球化学背景值。

三、土地质量地球化学调查

自1999年开始,在国土资源部的主导下,中国地质调查局会同省级人民政府及国土资源主管部门与各省地质调查院,统筹中央和地方财政资金,按照统一的技术标准和技术方法,组织实施了全国土地地球化学调查。1999年,中国地质调查局成立后,启动了以资源、环境、农业为主的多目标地球化学调查工程,该工程属于新一轮国土资源大调查工作。1999—2001年,工程在广东、湖北、四川等实施试点工作,从2002年起全国范围的调查正式启动。2015年,多目标区域地球化学调查更名为土地质量地球化学调查。

1999—2018年间,全国陆域累计完成1∶25万土地质量地球化学调查面积254.96万km^2,10m以浅近岸海域完成1∶25万土地质量地球化学调查面积55 798km^2,同时在重点地区完成1∶5万土地质量地球化学调查278 132.28km^2。

全国性土地质量地球化学调查工作的开展,为支撑服务土壤污染防治提供了重要依据。2015年,国土资源部基于全国土地质量地球化学成果编成《全国土壤地球化学状况专报》,引起党和国家领导人的高度重视,促使"全国土壤现状调查和污染防治"专项的提出与批准实施。基于该项调查成果,国土资源部与生态环境部联合编制了《全国土壤污染调查公报》。另外,相关调查成果及建议已被《中华人民共和国土壤污染防治法》(2019年1月1日起实施)借鉴,这充分显示了土地质量地球化学调查工作在土壤污染防治领域中的关键作用。

广东省于2005年启动部省合作项目"珠江三角洲经济区农业地质与生态地球化学调查",2013年之后陆续开展东、西两翼调查工作。截至2020年,广东省已完成1∶25万土地质量地球化学调查面积10.25万km^2,占全省面积的57.04%,同时在台山市、化州市、茂港区、番禺区、新会区和中山市等地完成1∶5万土地质量调查评价面积4374km^2。

广东省土地质量地球化学调查工作查明了已完成区的区域地球化学特征和时空分布规律,建立了多元素系列地球化学基准值和背景值,查明了已完成区的主要异常元素来源和迁移转化途径。

第二节 韶关市土壤与地质矿产背景

一、地形地貌特征

韶关市总体地势北高南低,山峦起伏,高峰耸立,中低山广布。北部地势为全省最高,位于乳源瑶族自治县(简称乳源县)、阳山、湖南省交界处的石坑崆,海拔1902m,为广东第一高峰,其他主要山岭有狗尾嶂、天门嶂、天井山、寒公脑、大东山、船底顶、梅花顶、七星墩、青云山等,海拔高程1245~1693m。南部地势较低,市区海拔最低为35m。

地貌以中山、低山为主,丘陵、喀斯特准平原次之,局部为山前冲积平原和山间冲洪积平原。整体上,韶关市在地质历史时期中属间歇上升区,流水侵蚀作用强烈,使得峡谷众多、山地陡峻以及发育成各级夷平面。自北向南的3条弧形山系排列成向南凸出的弧形,构成粤北地貌的基本格局。北列为蔚岭、大庾岭山地,长约140km;中列为大东山、瑶岭山地,长约250km;南列为起微山、青云山山地,长约270km。其间分布两行河谷盆地,包括南雄盆地、仁化董塘盆地、坪石盆地、乐昌盆地、韶关盆地和翁源盆地。红色岩系构成的丘陵、台地分布较广,特征显著。仁化丹霞山一带以独特的红岩地貌闻名于世,是全国典型的丹霞地貌所在地和命名地,面积约280km²,山群呈峰林结构,有各种奇峰异石600多座。南雄、坪石等盆地属红岩类型,南雄盆地幅员较广,所沉积的岩层产有十分丰富的古生物化石。

喀斯特地貌类型包括喀斯特山地、喀斯特丘陵、喀斯特准平原3类。喀斯特山地主要分布于乳源县大桥镇—乐昌市梅花镇一带,以峰丛地形为主,局部见喀斯特洼地和喀斯特盆地。喀斯特丘陵分布于韶关市区附近及翁源县周陂镇南侧等地,以峰丛间喀斯特洼地为主,局部为喀斯特残丘。喀斯特准平原主要分布于曲江区樟市镇、曲江区城区及其附近、乳源县一六镇—乐昌市桂头镇、乐昌市廊田镇附近、仁化县城北侧以及翁源县新江镇、翁源县周陂镇—南浦镇—坝仔镇,多呈开启式长条状分布,地表被第四纪松散堆积物覆盖,厚度为2~15m,局部达35~56m。

二、土壤类型特征

韶关市土壤类型较复杂,据《广东土壤》(广东省土壤普查办公室,1993)和《广东省土壤资源及作物适宜性图谱》(万洪富等,2005),调查区土壤主要可分为黄壤、红壤、赤红壤、石灰土、紫色土、水稻土6个土类10个亚类(表1-2),以红壤分布最为广泛,其次为黄壤、水稻土和石灰土,其余土类分布面积均较小。

表1-2 韶关市土壤类型一览表

土纲	亚纲	土类	亚类
人为土	水稻土	水稻土	潴育型水稻土
铁铝土	温暖铁铝土	黄壤	黄壤
	湿热铁铝土	红壤	红壤
			黄红壤
		赤红壤	赤红壤
初育土	石质初育土	石灰土	红色石灰土
			黑色石灰土
		紫色土	碱性紫色土
			中性紫色土
			酸性紫色土

1. 红壤

红壤是广东省中亚热带具有代表性的地带性土壤之一,在韶关市分布广泛,面积为9 966.42km²,占该市土地总面积(总面积为18 412.44km²)的54.13%。红壤覆盖韶关市各个区域,分布面积较大的有南雄市、始兴县、仁化县、乐昌市、乳源县、曲江区等。红壤可分为红壤、黄红壤2个亚类,以红壤为主,黄红壤仅在乳源县局部地区分布,共有花岗岩红壤、花岗岩红泥地、片板岩红壤、片板岩红泥地、砂页岩红壤、砂页岩红泥地、第四纪红土红壤、第四纪红土红泥地、侵蚀红壤、红色砂砾岩红壤、红色砂砾岩红泥地、石灰岩红壤、石灰岩红泥地、花岗岩黄红壤、砂页岩黄红壤和红壤性土16个土属。

在始兴县、南雄市、曲江区分布面积较大的第四纪红土红壤,在南雄大塘镇建有该土属的典型剖面。整个剖面为红色黏土,土层普遍较为深厚,质地黏重,较紧实,块状结构,过渡层具有明显的铁锰斑纹等淀积物,土壤具有黏、酸、瘦的特征,植被覆盖差,土壤肥力低。据广东省第二次土壤普查资料,第四纪红土红壤25个耕层土样含量分析结果(平均值)为:有机质为2.08%,全氮为0.105%,全磷为0.053%,全钾为1.19%,碱解氮为97.6mg/kg,速效磷为2.4mg/kg,速效钾为54mg/kg,pH为5.1左右,交换量为15.2cmol/kg(广东省土壤普查办公室,1993)。

另外,韶关市曲江建有红色砂砾岩红壤剖面,发育于白垩纪至古近纪红色砂页岩或砂砾岩风化物及其坡积物,表土层较薄,质地较粗,多为砂壤土,紫棕色,小块状结构;B层为块状结构,较紧实;C层含砂砾多,紧实。土壤缺乏有机质,自然肥力低,呈酸性。据广东省第二次土壤普查资料,红色砂砾岩红壤29个耕层土样含量分析结果(平均值)为:有机质为1.79%,全氮为0.075%,全磷为0.064%,全钾为2.01%,碱解氮为92.2mg/kg,速效磷为4.8mg/kg,速效钾为97mg/kg,pH为5.2,容重为1.3g/cm³。

2. 水稻土

水稻土面积为2564.79km²,占土地总面积的13.93%,在韶关市主要为潴育型水稻土,主要分布于乐昌市、南雄市、韶关市区东部、始兴县等地。

其中,潴育型水稻土紫泥田土属在南雄市古市镇建有典型剖面,成土母质为紫色砂页岩风化物的坡积物、洪积物和谷底沉积物,土壤剖面发育完整,犁底层发育明显,稍紧实;心土层有明显的棱柱状结构,结构表面有灰蓝色胶膜,铁锈斑纹明显,全剖面呈紫红色。土壤质地多为壤土,占63.6%,黏壤土占34.1%,偏砂土仅占2.3%。耕作层厚度中等,底土肥力尚好。pH为中性至微碱性,土壤养分含量中等,特别是钾、磷含量丰富。据广东省第二次土壤普查资料,该土壤154个耕层土样含量分析结果(平均值)为:有机质为2.485%,全氮为0.135%,全磷为0.098%,全钾为2.28%,碱解氮为103.1mg/kg,速效磷为20.5mg/kg,速效钾为82mg/kg,交换量为9.38cmol/kg。

3. 黄壤

黄壤面积为2507.71km²,占该市土地总面积的13.62%,分布较零散,主要分布在乳源县、乐昌市、始兴县、南雄市等地。划分为黄壤一个亚类,共分为花岗岩黄壤、花岗岩黄泥地、片岩黄壤、片岩黄泥地、砂页岩黄壤、砂页岩泥地和黄壤性土7个土属。

其中,花岗岩黄壤于乳源县石坑崆建立了典型剖面,该土壤成土母质为花岗岩风化的坡积物、残积物,土壤剖面层次发育分明,剖面构型为A-B-C,土层较厚,其上一般有较厚的枯枝落叶层;A层较厚,呈灰黑色或黑褐色,土质较松,土壤质地较粗,多为砂壤土或壤土,淀积层呈淡黄色,含黏粒较多,多为壤土,土体稍紧,有黄灰色胶膜和铁锈斑纹等新生体。土壤有机质含量和养分含量丰富,土壤酸性较强。据广东省第二次土壤普查资料,花岗岩黄壤167个耕层土样含量分析结果(平均值)为:有机质为3.90%,全氮为0.154%,全磷为0.045%,全钾为1.91%,碱解氮为155.5mg/kg,速效磷为9.0mg/kg,速效钾为104.3mg/kg,交换量为5.52~12.87cmol/kg,容重为1.0~1.5g/cm³。

砂页岩黄壤于乐昌市两江镇九峰山建立了典型剖面,该土壤成土母质为砂页岩风化残积物、坡积物。土层较薄,厚度一般为40~80cm,表土层较浅薄,厚度一般为10~15cm,土体黏粒淋移明显,淀积层黄棕色或黄色,常处于湿润状态,铁锰淀积物较多,但无结核,母质层常伴有半风化的母岩碎片。土壤质地一般为砂壤土，表层有机质含量丰富，氮含量中等，磷、钾特别是速效磷比较缺乏，交换量低，吸附能力较弱，土壤酸性较强。据广东省第二次土壤普查资料，砂页岩黄壤107个耕层土样含量分析结果（平均值）为：有机质为3.91%，全氮为0.145%，全磷为0.071%，全钾为1.62%，碱解氮为135.5mg/kg，速效磷为8.5mg/kg，速效钾为99.6mg/kg，交换量为5.38~12.5cmol/kg，容重为0.63g/cm³。

4. 石灰土

石灰土面积为1493.21km²，占土地总面积的8.11%，在韶关市主要为红色石灰土和黑色石灰土，主要分布在乳源县。石灰土属隐域性土壤，在石灰岩地区成片分布，在石灰岩与砂页岩互层或交错分布的区域，与红壤或赤红壤呈土壤复区分布。石灰土分布的地形以丘陵、低山为主，属喀斯特地貌，石芽、石沟、石林、峰林、溶蚀洼地、溶洞、落水洞和漏斗等甚为发育，母岩以石灰岩为主，也有白云岩和大理岩等。

石灰土是受碳酸盐岩影响而形成的，它的形成过程与母岩的风化和碳酸盐的淋溶密切相关。据研究，1cm厚的土层形成需要1.3万~3.2万年。因此，石灰土层十分浅薄，多被石芽、露头分隔，呈块状分布。石灰土土体发生层次不明显，土体浅薄，多种黏土矿物共存，有机质、氮、磷丰富，钾缺乏，质地较黏重。

5. 赤红壤

赤红壤面积为1169.16km²，占土地总面积的6.35%，可划分为赤红壤亚类，主要分布在翁源县和新丰县。赤红壤成土母质为花岗岩、砂页岩、红色砂页岩和第四纪红土等，植被类型丰富，结构复杂，具有南亚热带季雨林、常绿阔叶林、针叶林和灌木草丛等，地形地貌主要是丘陵台地，地势较低。

其中，第四纪红土赤红壤土属在翁源县106国道旁建有典型剖面。该土壤成土母质为第四纪红土古洪积物或坡积物，土层较厚，但表土层水土流失严重，心土层淋溶淀积明显，铁铝氧化物聚积，土体紧实，常见有带状卵石层，土壤养分含量偏低，酸性强。据广东省第二次土壤普查资料，第四纪红土赤红壤8个耕层土样含量分析结果（平均值）为：有机质为1.78%，全氮为0.097%，全磷为0.051%，全钾为1.81%，碱解氮为80.5mg/kg，速效磷为1.7mg/kg，速效钾为40.6mg/kg，交换量为1.14cmol/kg，pH为4.8。

6. 紫色土

紫色土主要分布在白垩纪至古近纪红色构造盆地的中低山丘陵台地上，如南雄市、曲江区梅村、仁化县丹霞、乐昌市坪石、翁源县瓮城和附城。紫色土分为碱性紫色土、中性紫色土、酸性紫色土，面积为710.70km²，占韶关市土地总面积的3.86%。

紫色土属隐域性土壤，分布在红壤或赤红壤区域内。因此，水热条件与红壤和赤红壤基本相同，所不同的是紫色土分布的红色砂岩低丘盆地，年降水量稍少，年积温和地温高于相邻的红壤或赤红壤区域。紫色土由于母岩特征的影响，在风化、淋溶和土壤侵蚀等方面具有一系列的特点：一是物理风化强烈，由于紫色砂页岩吸热性很强，在昼夜温差大的情况下，极易受热胀冷缩的影响，产生物理性剥落而形成碎屑状物质；二是化学风化微弱；三是碳酸钙不断淋溶，由于植被覆盖度低，岩层屡受侵蚀，成土物质不断更新或堆积，碳酸钙的淋溶不断进行，使土壤发育处于相对幼年阶段。

碱性紫色土在南雄市雄州镇旁建有典型剖面。该土壤成土母质为石灰性紫色砂页岩风化物、残积物，母岩脆弱容易风化，层次发育不明显，表土易流失，土层浅薄，土壤中含有较多的半风化母岩碎屑，质地多属砂质壤土，土壤有机质和氮含量较低，磷、钾（全量）含量高，速效磷较低，土体中碳酸钙积聚，土壤呈碱性。

三、土地利用特征

据广东省第二次全国土地调查数据资料(表1-3),韶关市土地总面积为18 385.01 km²(注:此处数据统计时间与其他内容2017年总土地面积18 412.44 km²不同,因为数据时间不同)。全市土地利用现状中以农用地为主,面积16 860.11 km²,占土地总面积的91.71%。其中,林地面积最大,占全市土地总面积的75.54%,占农用地面积的82.38%,主要分布在乐昌市中部、仁化县北部、乳源县东北部和西南部、始兴县南部、翁源县北部以及新丰县南部地区;其次为耕地,面积2 242.64 km²,占农用地面积的13.30%,主要分布于南雄市、乐昌市和翁源县等地。

建设用地面积691.26 km²,占全市土地总面积的3.76%,占比相对较小,且分布较为零散,主要分布于浈江、武江、北江的沿江冲积平原,以北江两岸的浈江区、武江区和曲江区相对集中。建设用地中以农村居民点用地面积最大,面积329.32 km²,占建设用地面积的47.64%,主要沿国道、省道及浈江、武江、锦江、墨江等零星分布;韶关市矿产资源丰富,采矿用地分布相对集中,主要集中分布在曲江区的大宝山矿区、仁化县的凡口铅锌矿区、新丰县中部的瓷土矿地区等;交通用地以京港澳高速公路、京广铁路、105国道、106国道、323国道及省道等为主。

表1-3 韶关市2005年土地利用结构表

地 类			面积/km²	占土地总面积比例/%
农用地	耕地		2 242.64	12.20
	园地		188.28	1.02
	林地		13 888.88	75.55
	牧草地		25.90	0.14
	其他农用地		514.41	2.80
	小计		16 860.11	91.71
建设用地	城乡建设用地	城市用地	36.10	0.19
		建制镇用地	49.18	0.27
		农村居民点用地	329.32	1.79
		采矿用地	53.21	0.29
		其他独立建设用地	43.67	0.24
	交通水利用地	交通用地	59.10	0.32
		水利用地	102.68	0.56
	其他建设用地		18.00	0.10
	小计		691.26	3.76
其他土地	水域		192.63	1.05
	自然保留地		641.01	3.48
	小计		833.64	4.53
总计			18 385.01	100.00

注:①数据来源于2005年韶关市土地利用现状变更调查数据;②2005年韶关市可调整地类面积为1.72 km²。

其他土地面积为833.64km²,占比相对较小,仅占全市土地面积的4.53%。其中,自然保留地面积较大,主要分布在乐昌市、乳源县、南雄市和始兴县;水域主要分布于浈江、武江、北江等江河水域。

据韶关市林业局2021年最新统计数据,韶关市全市有林地面积12 773km²,森林覆盖率达74.43%,森林蓄积量为9652万m³。全市现已建立各级各类自然保护地167个,总面积为4514km²。

四、水文特征

韶关市位于北江流域中上游,境内主要江河有浈江、武江、墨江、锦江、南花溪、南水、翁江、北江干流及新丰江。其中,武江有游溪河、杨溪河(杨溪水)、九峰河(九峰水)、田头水、白沙水、宜章河等支流;浈江有锦江支流;翁江有贵东水、九仙水、周陂水、六里河、青塘水、横石水河和烟岭河等支流。水资源分区划分为浈江、武江(中下游)、北江上游、翁江、连江(连江中游支流黄洞河、大潭河)、新丰江(上游)、桃江和章江(长江流域)8个四级水资源分区。

全市2017年地表水资源量为175.28亿m³,折合年径流深为953.4mm,比多年平均值偏少2.6%。在各县(市、区)中地表水资源量中,乳源县最多,达26.73亿m³,浈江区最少达5.04亿m³。单位面积地表水资源量中,乳源县最多为120.03万m³/km²,新丰县次之,为106.84万m³/km²,南雄市最少,为77.89万m³/km²。

五、母质母岩特征

一般将与土壤形成有关的块状岩体称为母岩,与土壤直接发生联系的母岩风化物称为母质,母质是形成土壤的物质基础,母质的机械组成、化学组成和性质往往被土壤继承下来。韶关市地质类型与成土母质多样,土壤形成条件比较复杂。山地、丘陵主要由花岗岩、砂页岩构成,还有部分片岩、片麻岩、石灰岩等。河谷平原、阶地的组成物质以近代河流冲积物为主,谷地和盆地则以冲洪积物为主。

韶关地区的成土母质可归纳为岩浆岩类、沉积岩类、变质岩类及近代沉积物四大类(广东省地质矿产局,1988年)。

岩浆岩类以侵入岩类的花岗岩分布最广,构成韶关地区山地的主要骨架。花岗岩的侵入时期大致有两个,一是古生代,二是中生代。中生代的花岗岩影响最大,多沿主要断裂和褶皱方向侵入,如3条弧形山地即为花岗岩侵入所形成。属于喷出岩类的有流纹岩、安山岩、石英斑岩、凝灰岩等,有晚古生代形成的,但以中生代形成的最多。

沉积岩类在韶关地区分布广泛,主要有砂页岩类,红色砂岩、页岩、砾岩类,紫色钙质砂岩、页岩、砾岩类,石灰岩类以及第四纪红色黏土。其中,砂页岩类(大多为泥盆纪沉积)分布最广,通常构成褶皱丘陵山地;红色砂页岩类主要分布在低丘和盆地,形成于白垩纪至古近纪;石灰岩类在古生代、中生代均有形成,主要分布于曲江区、新丰县一带;第四纪红色黏土为第四纪冲积、洪积、坡积和残积物,在暖湿环境条件下形成的一种成土母质,本身的风化程度很高,主要分布于河流两岸阶地及丘陵盆地内的台地之上,少数分布在山前低丘或台地上,面积较小。

变质岩类分布较为分散,面积不大,主要为片岩,其次为板岩、千枚岩、石英岩、大理岩等,零星出露于山地丘陵区。

近代沉积物主要有河流冲积物、洪积物、冲洪积物和坡积物等。河流冲积物分布于河流两岸,形成河流两岸的冲积平原;洪积物分布于山丘谷地及山前地带,形成山丘坑田、垌田及山前洪积扇,洪冲积物分布于盆地之中;山麓部分由坡积物组成。

六、矿产特征

韶关是"全国有色金属之乡",有"全国锌都"之称,地处南岭巨型纬向构造带中段,国家级重点成矿带——南岭成矿带横贯全市,成矿地质条件优越,矿产资源种类较齐全,多种矿产资源禀赋居全省前列。截至2015年底,全市共发现矿产种类88种,已查明资源储量的矿产56种,查明资源储量矿产地351处,其中能源矿产63处,金属矿产103处,非金属矿产180处,水气矿产5处。

能源矿产:主要有铀、煤和地热。其中,铀矿资源优势突出,不仅资源储量丰富,且品位较高、易采选,主要分布在韶关诸广山岩体和贵东岩体南部;煤矿资源亦十分丰富,但受政策限制,全市煤矿山已全部关闭,资源暂无法开发利用;地热矿产地较多,但分布较分散。

金属矿产:主要有铁、铜、铅、锌、钨、钼、锑、稀土等。其中,铁、铜、铅、锌、钨为韶关市的优势矿产,资源量居全省前列;铅、锌、铁、铜、钨、稀土等矿产资源丰富,占全省比例较大,主要矿区有仁化县凡口铅锌矿、曲江区大宝山铁铜多金属矿、始兴县石人嶂钨矿等。

非金属矿产:主要有萤石、石英、石灰岩、花岗岩、陶瓷土等。其中,萤石和石灰岩矿为韶关市的优势矿种,萤石矿主要分布在乐昌市、仁化县等地,主要矿区有乐昌市张姑岭萤石矿、乐昌市两江萤石矿;石灰岩主要分为熔剂用灰岩、水泥用灰岩和建筑石料用灰岩,主要分布在乐昌市、翁源县、新丰县、乳源县等地,资源分布较广,且开发利用价值较高,目前正在开发利用的大型矿山有翁源县铁龙将军屯水泥用灰岩矿和新丰县越堡旗石岗水泥用灰岩矿。

水气矿产:主要为矿泉水,资源赋存条件一般,类型主要为偏硅酸盐低矿化度矿泉水。

第二章 土壤环境背景值调查

第一节 采样点的布设与样品采集

野外采样点的布设与样品采集直接关系到所获得的成果。在采样点布设时,主要考虑采样小格的地形地貌、土地利用等因素,以具有代表性为主要原则,兼顾空间分布均匀性和合理性。由于表层、深层土壤样品采集的目的和方法不同,且受资金等方面的限制,分一般区和放稀区进行分别布设,故其采样的密度也不同,本次土壤采样的密度见表2-1。

表2-1 土壤表层、深层采样密度一览表

片区			乐昌片区	仁化片区	南雄片区	乳源片区	韶关片区	始兴片区	官渡片区	新丰片区
表层样	采样密度	一般区	\multicolumn{8}{c}{1个/4km²}							
		放稀区	\multicolumn{8}{c}{1个/8km²}							
	单点样/件	一般区	376	514	315	374	758	286	162	365
		放稀区	153	17	176	220	36	154	23	40
深层样	采样密度	一般区	1个/16km²							
		放稀区	1个/32km²							
	单点样/件	一般区	91	154	74	83	218	62	45	86
		放稀区	38	0	51	60	0	42	7	12

一、采样点布设与样品采集

(一)表层土壤样品采集

1. 采样密度

表层土壤采样密度中,一般区为1个/4km²,放稀区为1个/8km²。

2. 采样点布设

首先按4km×4km划分条样大格,再按2km×2km划分条样小格,根据条样小格的地形地貌特征和土地利用等进行布设。

(1)平原区:在城市城区、工业区,按2km×2km划分采样小格,每采样小格布设1个采样点,采样点大致均匀布设;农用地和城市以下居民区,每采样小格布设1个采样点,采样点一般布设于采样小格中间。

(2)低山丘陵区:每采样小格布置1个采样点。采样点一般布设于平缓坡地、山间平坝等土壤易于汇集的部位,最大限度地控制格子内的残坡积物质。

(3)台地与盆地:采样点布设于地形相对平缓的地段,每个采样小格布设1个采样点。

(4)水网发育地区:江河、湖泊、水库等水网发育地区,每个采样小格布设1个采样点,当小格中水域面积超过2/3时,应采集水底沉积物样品;面积较小时,采集河漫滩与岸边土壤样品。

3. 样品采集

(1)样品编号:样品编号以1:5万图幅为单元,按片区连续编号,调查区共划分出8个片区,分别为乐昌片区、仁化片区、南雄片区、乳源片区、韶关片区、始兴片区、官渡片区、新丰片区。每个片区以$16km^2$为单位格子(大格),按4的倍数公里网为界(4km×4km)将单位格子编号,编号顺序自左向右再自上而下。在每个单位格子中划分为4个小格($4km^2$),标号顺序自左向右再自上而下为A、B、C、D,并在标号下角脚注阿拉伯数字顺序号。

采样大格编号前先制作样品编号表,每50个号码为一批,其中随机取1个号码为重复采样大格编号,另随机取4个号码为标准控制样分析编号(表2-2)。

表2-2 样品编号表

001	011	021	031	041
002	012	022	032	042
003	013	023	033	043
004	014	024	034	044重复样
005标控样号	015	025	035	045
006	016	026	036	046
007	017	027标准样号	037	047
008	018	028	038标控样号	048
009	019	029	039	049标控样号
010	020	030	040	050

野外采样时,表层土壤样的完整采样编号为"片区代号+大格号+小格代码+样点号",如1:5万韶关片区028大格A、B、C、D四个小格的样品分别编为SG028A1、SG028B1、SG028C1、SG028D1。样品瓶和样袋上的样品编号要保持一致。

(2)采样介质与采样深度:韶关地区采样介质为土壤,采样深度为0~20m。

(3)采样位置:采样物质为采样单元内的主要类型土壤。在农业区,采样点通常布设在农田、菜地、林(果)地及山地丘陵土层较厚地带。采样要避开明显点状污染地段、垃圾堆及新近的堆积土、田埂等。采样时间避开施肥期。在交通干道附近,采样点应离开主干公路、铁路100m以外。在城镇工业区,在调查和访问当地居民的基础上采样,老城区采集公园、林地以及其他空旷地带等堆积历史较长的土壤,新城区(或开发区)选择在尚未开发利用的农用地中采样。

(4)采样方法:为增加每个采样点上样品的代表性,采样时以1处为主(作为定点位置),在采样点周围100m范围内或在采样小格中沿路线多处(3~5处)采集子样组合为一个样品。低山丘陵区存在多个水系或沟谷,分别采样组合,采样点位定在主要沟系或接近中间部位的采样点上,沿路线3~5处多点采集组合。采样时去除表面杂物,垂直采集地表至20cm深的土柱,保证上、下均匀采集,土柱规格为长方体或圆柱体或正方体。去除样品中的草根、砾石、砖块、肥料团块等杂物。

(5)采样质量:为满足样品测试和副样保留的要求,当1个采样大格仅有1件样品时,样品采集质量一般为2000g,并保证截取的粒级部分(<20目部分)大于900g;当1个采样大格内有2件样品时,样品采集质量为2000g,并保证截取的粒级部分大于800g;当1个采样大格有3件样品时,样品采集质量为1500g,并保证截取的粒级部分大于700g;当1个采样大格有4件样品,样品采集质量为1500g,并保证截取的粒级部分大于600g。

4. 定点及记录

(1)定点与标绘:实际采样中定位参照地形、地物等明显标志初步定点,同时采用便携式GPS仪测定其地理坐标,并标绘于地形图上,在其旁边标注样品编号。当地形图上的地形、地物已经发生变化而无法确认时,图上标绘点位以GPS显示坐标为准。经多次检测,GPS定位与实际位置最大误差在50m以内。

(2)标志:为了便于野外质量检查和异常检查,各采样点(包括重复样)均建立醒目、易找的牢固标志,对无法建立标志的采样点在记录卡备注栏中加以说明或者拍照记录(包括周边地形地貌、取样坑各1张)。标志用红油漆写在取样点附近的基岩、大转石、大树干、电杆、房屋等处,写明样品编号,书写要正确、工整。

(3)采样记录:统一使用标准化的土壤地球化学采样记录卡。在采样现场用2H铅笔填写记录卡,用代码和简明文字记录样品的各种特征。填写内容要求真实、正确、齐全,字迹工整,不重抄或涂改。

5. 重复样采集

重复采样由采样人员在不同时间进行。重复采样应根据原采样点标记和GPS坐标点选择采样位置。采样质量与原采样点要求一致,记录内容除增加填写原样号外,其他的与表层土壤样品采集要求一致。

6. 样品集中

采样小组每日采样结束后,填好样品清单将样品移交野外样品加工组加工。交接时,双方对样品数量、质量、样品清单进行核对,确定无误后分别在样品清单上签字。对编号不清、质量不足、样袋破损、受玷污的样品,应组织重新采集。

(二)深层土壤样品采集

1. 采样密度

深层土壤样采样密度中,一般区为1个/16km^2,放稀区为1个/32km^2。

2. 采样点布设

根据采样小格内(4km×4km)的地形地貌特征、土地利用情况等布设采样点,以具有代表性和平面分布均匀性为原则。在调查区边界,当采样大格(4km×16km)中属调查区部分不小于32km^{2}时,应采用采样小格布设采样点。

(1)平原区:采样密度为1个/16km²(一般区),或1个/32km²(放稀区),每1个采样小格布设采样点,一般布设于格子中间。

(2)低山丘陵区:低山丘陵地带采样点布设在可能采集到深部样品的山间谷地或坡脚土壤堆积较厚的位置。

(3)台地:采样密度为1个/16km²(一般区),或1个/32km²(放稀区),每1个采样小格布设采样点,样品布设于土壤易于汇集的平缓坡地、山间平坝等部位。

(4)水网、池塘发育地区:采样密度为1个/16km²(一般区),或1个/32km²(放稀区),当大格中水域面积超过2/3时,应采集水底沉积物样品;面积较小时,采集河漫滩与岸边土壤样品。

3. 样品采集

(1)样品编号:编号同表层土壤,即大格编号前先制作样品编号表,每50个号码为一批,其中随机取一个号码为重复采样大格编号,并在表上标明。另随机取4个号码为标准控制样分析编号。样品编号时将每个大格(64km²)所包含的4个小格(16km²)按从左至右、从上至下的顺序编为A、B、C、D。野外采样时,为了与表层样编号相区别,编号时在样品号后加注"S"。深层样的完整采样编号为"片区代号+大格号+小格代码+样点号+S"。样品瓶和样袋上的样品编号要保持一致。

(2)采样介质与采样深度:韶关市均为陆域地区,采样介质为土壤,采样起始深度大于150cm。

(3)采样位置:在农业区,采样点布设在农田、菜地、林(果)地及其他没有明显污染的空旷地带;在城镇工业区,避开近期搬运的堆积土和垃圾土;在丘陵或低山区,选择在较平坦且覆盖层较厚地区。

(4)采样方法:用取样钻采集1.5~2.0m深土壤,连续采集50cm的土柱,但不采集基岩风化层。

(5)采样质量:为满足样品测试和副样保留的要求,当1个采样大格仅有1件样品时,样品采集质量一般为2000g,并保证截取的粒级部分(<20目部分)大于900g;当1个采样大格内有2件样品时,样品采集质量为2000g,并保证截取的粒级部分大于800g;当1个采样大格有3件样品时,样品采集质量为1500g,并保证截取的粒级部分大于700g;当1个采样大格有4件样品时,样品采集质量为1500g,并保证截取的粒级部分大于600g。

4. 定点及记录

(1)定点与标绘

方法与表层土壤样品采集相同。根据便携式GPS并结合地形、地物把采样点位标定于1∶10万地形图上,在其旁边标注样品编号。野外定点误差小于50m。

(2)标志:为了便于野外质量检查和异常检查,各采样点(包括重复样)均建立醒目、易找的牢固标志,对无法建立标志的采样点在记录卡备注栏中加以说明或者拍照记录(包括周边地形地貌、取样坑各1张)。标志用红油漆写在取样点附近的基岩、大转石、大树干、电杆、房屋等处,写明样品编号,书写要正确、工整。

(3)采样记录:使用统一标准化的土壤地球化学采样记录卡,用代码和简明文字记录样品的各种特征及采样点周围景观环境的特征,描述从地表至深部"土壤柱"特征,绘制土壤柱状剖面图,标明分层界线,描述土壤颜色、粒径,砾石成分,有机质、生物碎屑、铁(锰)结核和钙质结核含量等特征。其他与表层土壤样品采集的记录要求相同。

5. 重复样采集

重复采样由采样人员在不同时间进行。重复采样根据原采样点标记和GPS坐标点选择采样位置,在距离原采样点孔位约50m的范围内进行第二次采样,记录内容除增加填写原样号外,其他的与原始样点的采集要求一致,并按要求做好记录和土壤剖面描述。

二、样品采集的质量评述

为确保野外采样和各项原始资料质量,建立了完善的三级质量检查体系,各级检查贯穿整个野外工作过程。在点位的到点率方面,以 GPS 航迹管理为主,配合实地抽查。样品加工除日常监督外,在各工区大致加工完成后要进行系统抽查。本次质量检查工作量见表 2-3。

表 2-3 质量检查工作量统计

检查体系		单位	检查工作量	占已完成工作量的比例/%
一级质量检查	自检	点	4992	100
	互检	点	4992	100
二级质量检查	野外质量检查	点	250	5
	样品加工检查	件	4992	100
	室内原始资料检查	点	4992	100
三级质量检查	野外质量检查	点	25	0.5
	样品加工检查	件	256	5.1
	室内原始资料检查	点	297	5.9

检查结果显示,本次韶关市调查采样点布局均匀,采样密度、采样深度、采样物质等工作方法技术符合要求;土壤样品野外采样记录准确、完整、清晰,深层样品附有简单的柱状图,图示规范;野外采样采用 GPS 定点,并保存有航迹记录,定点精度较高,采样点标记明显、清楚,野外重复样由不同人员在不同时间采集;实物样品的交接、整理和登记清晰,编号清楚,样品封装标记符合要求;野外三级质检制度健全,对各级质检发现的一些问题与不足进行了及时纠正,各采样小组均按要求进行了系统整改;调查质量管理措施到位,质量管理体系运行良好,有效地保证了野外工作质量,工作质量总体优良。

第二节 样品的分析方法与质量监控

一、土壤样品分析指标、配套分析方法及方法检出限

韶关市土壤环境背景值调查的表层土壤、深层土壤样品采用单样分析,测定指标包括:Ag、As、Au、B、Ba、Be、Bi、Br、Cd、Ce、Cl、Co、Cr、Cu、F、Ga、Ge、Hg、I、La、Li、Mn、Mo、N、Nb、Ni、P、Pb、Rb、S、Sb、Sc、Se、Sn、Sr、Th、Ti、Tl、U、V、W、Y、Zn、Zr、SiO_2、Al_2O_3、TFe_2O_3、MgO、CaO、Na_2O、K_2O、TC、Corg、pH 共 54 项指标。

从土壤样品特点来看,在同一地球化学景观内其元素的地球化学背景变化不是很大,为了能反映出地球化学背景变化,就要求分析方法的准确度和精密度要高,其中最为重要的一点是要求更低的方法检出限。在实际样品分析中,根据测试指令管理规范《多目标区域地球化学调查规范(1∶250 000)》(DZ/T 0258—2014)和《地质矿产实验室测试质量管理规范》(DZ/T 0130—2006)和已执行的相关项目样品的配套分析方案即《区域地球化学样品分析方法》(DZ/T 0279—2016)以及分析质量监控系统,结合实

验室仪器装备现状,制订了韶关市土壤环境背景值调查样品分析的配套方案,组建了分析质量控制系统。该分析系统以当今世界最先进的 3 种现代大型分析仪器 XRF(X 射线荧光光谱仪)、ICP - MS(等离子体质谱仪)和 ICP - OES(等离子体光学发射光谱仪)为主体,结合其他先进灵敏的专项分析仪器所组成。表 2 - 4 给出了所要求的方法检出限及其配套分析方法。

表 2 - 4 方法检出限及配套分析方法

序号	指标		规范要求		配套方案	
			单位	限值	分析方法	检出限
1	Ag	银	μg/g	0.02	AC - AES	0.01
2	As	砷	μg/g	1	AFS	0.2
3	Au	金	ng/g	0.000 3	ICP - MS	0.000 2
4	B	硼	μg/g	1	AC - AES	0.64
5	Ba	钡	μg/g	10	ICP - OES	5
6	Be	铍	μg/g	0.5	ICP - MS	0.1
7	Bi	铋	μg/g	0.05	AFS	0.01
8	Br	溴	μg/g	1	XRF	0.5
9	Cd	镉	μg/g	0.03	ICP - MS	0.02
10	Ce	铈	μg/g	1	ICP - MS	0.2
11	Cl	氯	μg/g	20	XRF	5
12	Co	钴	μg/g	1	ICP - MS	0.1
13	Cr	铬	μg/g	5	XRF	1.5
14	Cu	铜	μg/g	1	ICP - MS	0.1
15	F	氟	μg/g	100	ISE	30
16	Ca	镓	μg/g	2	ICP - MS	0.1
17	Ge	锗	μg/g	0.1	ICP - MS	0.05
18	Hg	汞	μg/g	0.000 5	AFS	0.000 5
19	I	碘	μg/g	0.5	COL	0.2
20	La	镧	μg/g	5	ICP - MS	0.1
21	Li	锂	μg/g	1	ICP - MS	0.1
22	Mn	锰	μg/g	10	ICP - OES	5
23	Mo	钼	μg/g	0.3	POL	0.15
24	N	氮	μg/g	20	VOL	15
25	Nb	铌	μg/g	2	XRF	1
26	Ni	镍	μg/g	2	ICP - OES	0.2
27	P	磷	μg/g	10	XRF	5
28	Pb	铅	μg/g	2	ICP - MS	0.2
29	Rb	铷	μg/g	10	XRF	1
30	S	硫	μg/g	30	HFIR	15

续表 2-4

序号	指标		规范要求		配套方案	
			单位	限值	分析方法	检出限
31	Sb	锑	μg/g	0.05	AFS	0.03
32	Sc	钪	μg/g	1	ICP-MS	0.1
33	Se	硒	μg/g	0.01	AFS	0.01
34	Sn	锡	μg/g	1	AC-AES	0.21
35	Sr	锶	μg/g	5	ICP-OES	2
36	Th	钍	μg/g	2	ICP-MS	0.2
37	Ti	钛	μg/g	10	XRF	5
38	Tl	铊	μg/g	0.1	ICP-MS	0.05
39	U	铀	μg/g	0.1	ICP-MS	0.05
40	V	钒	μg/g	5	ICP-OES	2
41	W	钨	μg/g	0.4	POL	0.2
42	Y	钇	μg/g	1	XRF	0.8
43	Zn	锌	μg/g	4	ICP-MS	1
44	Zr	锆	μg/g	2	XRF	1.5
45	SiO_2	二氧化硅	%	0.1	XRF	0.05
46	Al_2O_3	氧化铝	%	0.05	XRF	0.03
47	TFe_2O_3	全三氧化二铁	%	0.05	XRF	0.02
48	MgO	氧化镁	%	0.05	ICP-OES	0.02
49	CaO	氧化钙	%	0.05	ICP-OES	0.02
50	Na_2O	氧化钠	%	0.1	ICP-OES	0.02
51	K_2O	氧化钾	%	0.05	XRF	0.03
52	TC	全碳	%	0.1	HFIR	0.02
53	Corg	有机碳	%	0.1	VOL	0.02
54	pH	pH		0.1	ISE	0.01

注：AC-AES 为交流电弧-发射光谱法；AFS 为原子荧光光谱法；ISE 为离子选择性电极法；COL 为催化分光光度法；POL 为催化极谱法；VOL 为容量法；HFIR 为高频燃烧红外分析法。

二、质量监控方案

（1）常规样品分析中准确度的监控，每批（500 件样品）以密码方式依次插入 12 个国家一级标准物质（GBW 系列土壤标准物质），同样品一起分析后，计算单个标准物质测定值与标准值的对数差（$\Delta \lg C = |\lg C_i - \lg C_s|$），监控限达到表 2-5 的要求，准确度合格率要求达到 98%。

（2）精密度控制采用 4 个兼顾大部分元素高中低含量的土壤一级标准物质进行监控，由质量技术管理部门以密码形式插入到每一个分析批次中，与样品一起分析，每批分析完成后，按每个标准物质计算测定值与监控样标准值的对数偏差($\Delta \lg C$),然后计算 4 个监控样的对数标准偏差(λ),用以衡量样品分析的精密度。每个监控样标准物质测试结果的对数偏差和 4 个监控样对数标准偏差的允许限见表 2-5,合格率要求达到 98%。

(3) 按样品总数 5% 的比例抽取实验室内部抽查样品,以密码方式进行预先分析,以控制日常分析总的批次偏差。5% 抽查分析结果与基本分析结果按 $RD =$(基本分析结果-抽查分析结果)$/[1/2 \times$(基本分析结果+抽查分析结果)$]\times 100\%$ 计算。检出限 3 倍以内,$RD \leqslant 50\%$;检出限 3 倍以上,$RD \leqslant 40\%$。合格率应达到 85%。

(4) 常规样品分析完成后,对数据低点或高点等异常点按样品总数的 3% 抽取样品,进行异常点抽查分析。抽查分析结果与基本分析结果按 $RD =$(基本分析结果-抽查分析结果)$/[1/2 \times$(基本分析结果+抽查分析结果)$]\times 100\%$ 计算。检出限 3 倍以内,$RD \leqslant 50\%$,检出限 3 倍以上 $RD \leqslant 40\%$。合格率应达到 90%。

表 2-5 标准物质准确度及精密度的控制限

含量范围	准确度 $\Delta \lg C(\mathrm{GBW}) = |\lg C_i - \lg C_s|$	精密度 $\lambda = \sqrt{\dfrac{\sum_{n=1}^{i}(\lg C_i - \lg C_s)^2}{4-1}}$
检出限 3 倍以内	≤0.12	0.17
检出限 3 倍以上	≤0.10	0.15
1%～5%	≤0.07	0.10
>5%	≤0.05	0.08

(5) 常规样品分析数据提交后,需由相关质量检查组进行质量检查。其中,需按样品总数的 3% 抽取样品,以密码方式进行抽查分析。抽查分析结果与基本分析结果按 $RD =$(基本分析结果-抽查分析结果)$/[1/2 \times$(基本分析结果+抽查分析结果)$]\times 100\%$ 计算。检出限 3 倍以内,$RD \leqslant 50\%$,检出限 3 倍以上,$RD \leqslant 40\%$。合格率应达到 90%。

(6) 对于痕量元素金元素的常规分析,每一小批(50 个号码)样品中以密码方式插入 4 个国家一级痕量金标准物质与样品一起分析,计算单个标准物质测定值与标准值的相对误差[$RE = (A_{测定值} - A_{标准值})/A_{标准值} \times 100\%$]。监控限 RE 应达到表 2-6 要求,合格率应为 100%。5% 实验室内部抽查分析与一般元素相同;异常点抽查分析按样品总数的 10% 进行;质量抽样检查与一般元素相同。监控限 RD 应达到表 2-5 的要求,合格率应达到 90% 及以上。

表 2-6 金(Au)元素的分析控制限

含量范围/$ng \cdot g^{-1}$	监控限 RE/%	监控限 RD/%
0.3～1	≤100	≤100
1～30	≤66.6	≤66.6
>30	≤50	≤50

(7) 对于 pH 的测定,每一小批(50 个样品)样品中以密码方式插入 2 个国家一级土壤有效态标准物质与样品一起分析,计算单个标准物质测定值与标准值的绝对差,其值应不大于 0.2,合格率应为 100%。样品重复样密码分析、异常点抽查分析与一般元素相同,计算基本分析和检查分析之间的绝对偏差,其值应不大于 0.2,合格率应达到 90%。

三、质量评述

1. RD 计算结果

同一样品进行重复分析,是为了进行样品的重复性检验,每批样品中都较均匀地插入了一定比例的重复样,其相对偏差(RD)的计算结果见表 2-7。由表可见,所有的结果均超过 80%,说明分析的结果具有重复性,是达到规范要求的。

表 2-7 原样与重复样相对双差统计表

元素/指标	样本数/件	超差数/件	合格率%	元素/指标	样本数/件	超差数/件	合格率/%
Ag	132	10	92.4	Pb	132	9	93.2
As	132	12	90.9	Rb	132	3	97.7
Au	132	8	93.9	S	132	11	91.7
B	132	6	95.5	Sb	132	7	94.7
Ba	132	4	97.0	Sc	132	4	97.0
Be	132	3	97.7	Se	132	10	92.4
Bi	132	13	90.2	Sn	132	16	87.9
Br	132	20	84.8	Sr	132	6	95.5
Cd	132	15	88.6	Th	132	2	98.5
Ce	132	7	94.7	Ti	132	2	98.5
Cl	132	12	90.9	Tl	132	4	97.0
Co	132	8	93.9	U	132	5	96.2
Cr	132	6	95.5	V	132	4	97.0
Cu	132	7	94.7	W	132	9	93.2
F	132	3	97.7	Y	132	1	99.2
Ga	132	3	97.7	Zn	132	7	94.7
Ge	132	1	99.2	Zr	132	0	100.0
Hg	132	20	84.8	SiO_2	132	2	98.5
I	132	12	90.9	Al_2O_3	132	1	99.2
La	132	6	95.5	TFe_2O_3	132	6	95.5
Li	132	4	97.0	MgO	132	4	97.0
Mn	132	9	93.2	CaO	132	15	88.6
Mo	132	8	93.9	Na_2O	132	6	95.5
N	132	11	91.7	K_2O	132	5	96.2
Nb	132	3	97.7	Corg	132	11	91.7
Ni	132	4	97.0	TC	132	9	93.2
P	132	7	94.7	pH	132	0	100.0

2. 准确度和精密度计算结果

准确度计算要求:按照《多目标区域地球化学调查规范(1∶250 000)》(DZ/T 0258—2014)要求,每500件样品插入12个土壤国家一级标准物质,土壤样品测试任务中共进行了156件一级标准物质分析,分别统计的各元素或指标合格率均为100%,总合格率为100%,具体见表2-8。

表2-8 土壤1∶25万样品一级标准物质合格率统计

元素/指标	分析项数/件	合格项数/件	合格率/%	元素/指标	分析项数/件	合格项数/件	合格率/%
Ag	156	156	100	Pb	156	156	100
As	156	156	100	Rb	156	156	100
Au	156	156	100	S	156	156	100
B	156	156	100	Sb	156	156	100
Ba	156	156	100	Sc	156	156	100
Be	156	156	100	Se	156	156	100
Bi	156	156	100	Sn	156	156	100
Br	156	156	100	Sr	156	156	100
Cd	156	156	100	Th	156	156	100
Ce	156	156	100	Ti	156	156	100
Cl	156	156	100	Tl	156	156	100
Co	156	156	100	U	156	156	100
Cr	156	156	100	V	156	156	100
Cu	156	156	100	W	156	156	100
F	156	156	100	Y	156	156	100
Ga	156	156	100	Zn	156	156	100
Ge	156	156	100	Zr	156	156	100
Hg	156	156	100	SiO_2	156	156	100
I	156	156	100	Al_2O_3	156	156	100
La	156	156	100	TFe_2O_3	156	156	100
Li	156	156	100	MgO	156	156	100
Mn	156	156	100	CaO	156	156	100
Mo	156	156	100	Na_2O	156	156	100
N	156	156	100	K_2O	156	156	100
Nb	156	156	100	Corg	156	156	100
Ni	156	156	100	TC	156	156	100
P	156	156	100	pH	156	156	100
统计	监控样总数:156件;总项数:8424项;总合格数:8424项;总合格率:100%						

精密度计算结果显示,土壤全量分析共插入469件,精密度控制样品116组,其中土壤1:25万样品共插入436件,精密度控制样品109组,54项指标的ΔlgC和λ均在允许限内,统计的各元素或指标合格率均为100%,总体合格率为100%,见表2-9。

表2-9 土壤1:25万样品精密度控制标样参数统计

元素/指标	ΔlgC/件		λ/件		总合格率/%	元素/指标	ΔlgC/件		λ/件		总合格率/%
	件数	合格数	组数	合格数			件数	合格数	组数	合格数	
Ag	436	436	109	109	100	Pb	436	436	109	109	100
As	436	436	109	109	100	Rb	436	436	109	109	100
Au	436	436	109	109	100	S	436	436	109	109	100
B	436	436	109	109	100	Sb	436	436	109	109	100
Ba	436	436	109	109	100	Sc	436	436	109	109	100
Be	436	436	109	109	100	Se	436	436	109	109	100
Bi	436	436	109	109	100	Sn	436	436	109	109	100
Br	436	436	109	109	100	Sr	436	436	109	109	100
Cd	436	436	109	109	100	Th	436	436	109	109	100
Ce	436	436	109	109	100	Ti	436	436	109	109	100
Cl	436	436	109	109	100	Tl	436	436	109	109	100
Co	436	436	109	109	100	U	436	436	109	109	100
Cr	436	436	109	109	100	V	436	436	109	109	100
Cu	436	436	109	109	100	W	436	436	109	109	100
F	436	436	109	109	100	Y	436	436	109	109	100
Ga	436	436	109	109	100	Zn	436	436	109	109	100
Ge	436	436	109	109	100	Zr	436	436	109	109	100
Hg	436	436	109	109	100	SiO_2	436	436	109	109	100
I	436	436	109	109	100	Al_2O_3	436	436	109	109	100
La	436	436	109	109	100	TFe_2O_3	436	436	109	109	100
Li	436	436	109	109	100	MgO	436	436	109	109	100
Mn	436	436	109	109	100	CaO	436	436	109	109	100
Mo	436	436	109	109	100	Na_2O	436	436	109	109	100
N	436	436	109	109	100	K_2O	436	436	109	109	100
Nb	436	436	109	109	100	Corg	436	436	109	109	100
Ni	436	436	109	109	100	TC	436	436	109	109	100
P	436	436	109	109	100	pH	436	436	109	109	100
统计	监控样总数:436件;总项数:23 544项;总合格数:23 544项;总合格率:100%										

注:为了表述简便,后文文中和图中用Fe_2O_3代替TFe_2O_3(全三氧化二铁),表中用TFe_2O_3。

3. 分析质量合格率计算结果

分析质量的合格率是实验室内部质量评估,是对所报分析数据的可靠性、合理性进行质量评估,以确保报出的分析数据不至于影响和歪曲或掩盖地球化学背景与异常。在本次测试任务过程中,同步测试的国家一级标准物质、监控样分析的对数标准偏差合格率全部达到了100%,每组监控样的标准差(λ)均满足规范允许限,全图幅元素报出率、重复性检验合格率和异常点抽查合格率满足《多目标区域地球化学调查规范(1:250 000)》(DZ/T 0258—2014)和《生态地球化学评价样品分析技术要求(试行)》(DD 2005—03)。

综上所述,本次工作分析方法可行,检出限符合设计要求,合格率均大于95%,达到规定要求。本项目样品的分析测试工作严格按照国家标准分析方法质量要求执行,从分析方法的检出限、准确度控制、精密度控制、重复性检验合格率和异常抽查合格率结果来看,分析质量符合中国地质调查局地质调查技术标准《多目标区域地球化学调查规范(1:250 000)》(DZ/T 0258—2014)、《地质矿产实验室测试质量管理规范》(DZ/T 0130—2006)、《区域地球化学样品分析方法》(DZ/T 0279—2016)、《生态地球化学评价样品分析技术要求(试行)》(DD 2005—03)和《生活饮用水标准检验方法金属指标》(GB/T 5750.6—2006)等规范中各项指标分析要求。测试数据可以用于本项目的调查评价工作,达到了预期目的。

第三节 资料整理与参数统计

一、实际材料图的编制

按调查对象和采样介质,实际材料图可分为表层土壤调查实际材料图、深层土壤调查实际材料图、典型区调查实际材料图等。

野外工作手图是编制实际材料图的基础。本次调查野外采样工作时,以1:5万及1:10万地形图为工作底图,野外根据地形、地物方位和相对位置初步确定点位,并用GPS采集大地坐标数据,同时观察采样点地质地貌特征、农业利用、环境状况,确定样品性质、样品质量、采样方法。在室内,根据GPS定点记录数据校正点位并清绘上图,标注样号,并进行100%的检查、校对,形成野外工作手图。

本次调查,实际材料图采用数字化图件方式编制。编制方法为:根据地形图编制简化地理底图,内容包括主要水系、水库、城镇以及典型地物标志等;根据已录入形成采样点样号的大地坐标数据,应用MapGIS投影系统自动点位投影和标注样品号,并根据ID号自动挂接样品属性,形成数字化实际材料图。数字化实际材料图不仅表达了传统纸质图所反映的点位、点号、公里网、市县及主要乡镇等内容,而且也全面反映出采样点周边地理特征、环境状况、采样物性质、采样方法、采样现场实际情况、责任人等。

(一)元素地球化学含量等值线图

元素地球化学含量等值线图是以区域调查的实测数据为基础,按相关技术要求,采用等值线的方法编制的含量等值线图,是一种不受人为因素影响,直观地反映区域元素含量变化的基础性地球化学图件,为地球化学背景的空间分布与研究提供了前提与依据。

元素地球化学图包括表层土壤地球化学图、深层土壤地球化学图,以单元素数据勾绘等值线成图,比例尺为1:25万。

1. 地球化学等值线间隔选取

为了从图面上更直观地反映高值区和划分背景,采用累积频率的分级方法作图,采用 0.5%、1.5%、4%、8%、15%、25%、40%、60%、75%、85%、92%、96%、98.5%、99.5%分级间隔对应的含量作等值线勾绘。含量分段根据地球化学分布、地质、生态环境特征确定。

图面等值线分级视元素含量分布情况适当抽稀或加密。图面等值线间距不小于 0.7mm。

2. 直方图

表层土壤地球化学含量等值线图、深层土壤地球化学含量等值线图均附加元素含量直方图,直方图包括全区土壤数据直方图、主要地质单元数据直方图。数据直方图作图原则规定如下。

(1)直方图组距规定为 $0.1 \lg C(\mu g/g、ng/g、\%)$,组端正值规定百分位为 7,负值百分位为 3。部分常量元素选取算术等间隔组距,间隔大小以满足分组数 8 组为宜。

(2)直方图应标注统计样品数、平均值、标准离差、变异系数(CV)、最大值、最小值等。

3. 地球化学含量等值线图色区划分

使用累积频率方法,推荐 0.5%、1.5%、4%、8%、15%、25%、40%、60%、75%、85%、92%、96%、98.5%、99.5%、100%分级间隔对应的含量。

4. 图名

表层土壤地球化学测量图命名为"韶关市表层土壤 X(中文元素名)元素地球化学图"。

深层土壤地球化学测量图命名为"韶关市深层土壤 X(中文元素名)元素地球化学图"。

5. 地理底图

采用 1:25 万地形图编制简化地理底图,内容包括主要水系、水库、城镇以及典型地物标志等。

6. 图式、图例和用色标准

图式、图例和用途标准按中华人民共和国地质矿产行业标准《地球化学勘查图图式、图例及用色标准》(DZ/T 0075—1993)执行。

(二)土壤环境背景值图

土壤环境背景值图采用分级统计图的表达形式,不同于以往所编制的地球化学图,编制内容分为两个部分,一部分为统计单元,另一部分为制图单元。土壤亚类为土壤环境背景值图的统计单元,制图单元是在亚类内部划分,划分原则是按照影响土壤元素含量区域差异的主导因素进行确定。数量分级采用以方差分析、多重比较为基础的显著性检验分级法,基本要求是使同一级别具有最大的一致性和级别之间具有最大差异性的统计分级,另需同时考虑平均值和标准差。

韶关市土壤环境背景值制图确定以土壤亚类为统计单元,其理由为:①韶关市分为 10 个土壤亚类,它们有着不同的成土过程,元素在土壤中的淋溶、迁移、沉积和累积作用有较大的差异,深刻地影响着土壤元素的含量;②便于与其他地区土壤环境背景值的差异性比较。鉴于此,此次在编制背景值图之前,需准备多幅基本图件,包括土壤类型图、土地利用图、土壤质地图、母质母岩图、地质图、地形地貌图等。

韶关市山区土壤大多发育在各类母岩的残坡积风化物上,因而母岩的化学组成制约土壤元素含量。本研究对影响韶关市土壤元素背景值的因素进行了分析,结果表明,影响元素背景值的主导因素是母岩,但同时从主成分分析结果来看,母岩和土壤类型对主成分的累积贡献率并不高。这也说明除了成土母岩这一主要影响因素外,土壤质地、土地利用、地形等条件对背景值也有重要影响。因而,韶关市山区采用母岩加土壤亚类(土属)作为制图单元。而在韶关市平原地区,土壤成因对其影响最为强烈,山前坡积物和因河流沉积形成的洪冲积物土壤元素含量差异明显。一般情况下,山前堆积物土壤质地为壤土,As、Cr、Cu、Zn、Ni等元素含量偏高,而河流上下游和河道演变过程中河道平面上的横向位移,使土壤质地的砂质、壤质、黏壤质有明显的变化,导致土壤元素差异明显。基于此,在韶关市平原区,采用成因类型(河流冲积物、河流冲洪积物)和土壤质地作为划分制图单元的依据。

二、参数统计

1. 统计单元划分

统计单元划分见表2-10。

表2-10 韶关市土壤环境背景值统计单元划分

项目	类型	统计单元
基准值、环境背景值	第四纪沉积物成土母质	河流冲洪积沉积物
	沉积岩类成土母质	砂页岩类风化物
		碳酸盐岩类风化物
		紫红色砂页岩类风化物
	岩浆岩类成土母质	花岗岩类风化物
		酸性火山喷出岩类风化物
	变质岩类成土母质	变质岩、浅变质岩类风化物
环境背景值	主要土壤亚类	潴育型水稻土、黄红壤、红壤、黄壤、赤红壤、石灰土、紫色土
	主要行政区	浈江区、武江区、曲江区、乐昌市、南雄市、始兴县、仁化县、翁源县、新丰县及乳源县

2. 统计内容

统计参数包括:样本数、测制全距、算术平均值、算术标准差、变异系数、几何平均值、几何标准差、中位数、浓度概率分布类型、元素丰度值、元素背景值范围、元素异常下限和分布面积等。

3. 统计方法

对于全区及统计单元的基本统计项,采用Excel电子表格工具栏内的数据分析功能(工作表函数及自定义函数),运用各参数计算方法进行统计。

第三章 区域土壤地球化学特征

第一节 元素地球化学分布特征

为了全面认识元素的区域地球化学特征,从元素在表层(浅层)土壤、深层土壤的地球化学分布及土壤中的元素地球化学富集(异常)特征3个方面予以表述。

韶关市地形以山地丘陵为主,河谷盆地分布其中。前中生代,韶关大地构造位置属于以东西向构造为主体的古亚洲构造域,中生代以来属于滨西太平洋构造域。主体构造单元为华南加里东褶皱系的粤北-湘南海西—印支坳陷带,北部为诸广山隆起(九峰岩体),南部为大东山-贵东岩体及佛冈复式岩体。受制于大地构造格局,自北向南3列弧形山系排列成向南凸出的弧形,构成粤北地貌的基本格局。北列为蔚岭、大庾岭山地,中列为大东山、瑶岭山地,南列为起微山、青云山山地,其间分布两行河谷盆地,包括南雄盆地、仁化董塘盆地、坪石盆地、乐昌盆地、韶关盆地和翁源盆地。红色岩系构成的丘陵、台地分布较广,特征明显。本章将依据粤北地貌基本格架、岩石岩性、地势地貌、河流汇水域及人口分布等特点,将韶关划分为弧形山系、弧形山间2个区域进行论述。

一、表层土壤元素地球化学分布特征

(一)韶关弧形山系

韶关3条弧形山系实为规模巨大的构造岩浆岩带,均为复式岩基,主体形成于早侏罗世(γJ_1)。而晚侏罗世(γJ_3)和早白垩世(γK_1)花岗岩呈岩株产于早侏罗世(γJ_1)花岗岩岩基中。晚侏罗世(γJ_3)、早白垩世(γK_1)花岗岩具有高硅[$w(SiO_2)>73\%$]、富碱[$w(K_2O+Na_2O)>7.5\%$]且W、Sn、Bi、Mo等丰度值偏高等特征。

1. 韶关北部中山

自乐昌市庆云镇蔚岭至南雄市油山镇大庾岭约140km范围的中山,由花岗岩组成,一般海拔为700~1000m,为韶关北部边界上的弧形山系,也是武江、浈江的重要汇水域。

土壤类型以红壤为主,零星分布黄壤及潴育型水稻土,表层土壤地球化学特征总体上与其母岩地球化学元素特征相似,即亲铁、亲硫元素及大多数重金属元素呈现为低背景,而K_2O、Na_2O、Al_2O_3、Be、Bi、Br、Cl、Ga、Ge、Li、Pb、Sn、U、Tl、Th、Nb、Rb、Corg等含量高,多呈高背景。

弧形山系西部九峰镇附近土壤出现局部Ag、Mo、P、W、Y高背景,且受武江支流水系的搬运作用,向南延伸至乐昌盆地;东部仁化县扶溪镇—南雄市百顺镇一带土壤则为局部Ba、Ce、La、Sr高背景。

2. 韶关中部中山

自乳源县洛阳镇大东山至韶关市枫溪镇石人嶂的中山由花岗岩组成,以北江为界分为两翼,为韶关中部的弧形山系,也是北江支流南水河、曲江、浈江、翁江的重要汇水域。其中,大东山山地为花岗岩侵入而成,呈北东-南西向,一般海拔为800~1000m;石人嶂山地为花岗岩侵入龙源坝复背斜而成,呈北西-南东向,一般海拔为500~1000m。

土壤类型以红壤、黄壤为主,表层土壤地球化学特征总体上为亲石元素高背景、亲铁元素和亲硫元素低背景,如 K_2O、Na_2O、Al_2O_3、Be、Bi、Br、Ce、Cl、Ga、Ge、I、La、Mo、Nb、Rb、Pb、S、Sn、W、Y、U、Tl、Th、Corg 等含量高,呈高背景。

弧形山系西部大东山岩体洛阳镇附近土壤出现局部 Se、N 高背景,且含量达富硒土壤标准,Se 质量分数高值达 1.98μg/g;东部曲江沙溪镇及浈江枫溪镇一带土壤则为局部 Ba、Cu、Li、Zn、Zr 高背景,与已知矿点位置套合较好。

3. 韶关南部中山

新丰县出露的佛冈岩体是青云山山地的一部分,由花岗岩组成,呈北东-南西向,主峰海拔为1438m,一般海拔为 500~1000m。

土壤类型以赤红壤、红壤为主,零星分布黄壤及潴育型水稻土,表层土壤地球化学特征总体上为亲石元素高背景、亲铁元素和亲硫元素低背景,而 K_2O、Na_2O、Al_2O_3、Ba、Be、Bi、Br、Ce、Cl、Ga、Ge、I、La、Mo、Nb、Rb、Zr、Y、U、Tl、Th、Corg 等含量高,多呈高背景。

(二) 韶关弧形山间区域

区内出露地层有震旦系、寒武系、泥盆系、石炭系、二叠系。震旦系、寒武系出露在隆起区及复式褶皱核部,由一套浅变质的浅海相类复理石砂泥质碎屑沉积物组成,主要岩性为灰色、灰绿色、青灰色浅变质中细粒长石石英砂岩、绢云母长石石英砂岩夹绢云母板岩、泥质板岩、硅质板岩,构成海西期—印支期沉积旋回的基底。上古生界泥盆系、石炭系为浅海相碳酸盐岩及河流-滨海相碎屑岩建造。二叠系、三叠系分布较零星。中生界—新生界主要分布在断陷盆地中,为内陆河湖相红色粗碎屑岩。

弧形山系将韶关分为两条东西向以喀斯特地貌、低山丘陵(如丹霞地貌、红层)为主的宽广地带,形成了韶关地貌的基本格架。而武江、浈江及其他北江支流通过水流搬运,主导了韶关土壤中元素的迁移,本次以河流流域划分区域说明元素分布情况。

1. 武江流域

武江起源于湖南,接受乐昌市、乳源县辖区物源补给,受制于中上游河流切割较深,物源对沿途影响较小,元素含量更能体现土壤本底特征。

1)山间盆地

坪石盆地属红层盆地,以丹霞地貌为主,岩性为紫红色复成分砾岩、含砾砂岩,土壤为碱性紫色土。表层土壤地球化学特征总体上为亲铁元素、营养元素 P 和 K 及微量有益元素为低背景,而亲石、亲硫元素为高背景,如 SiO_2、MgO、CaO、Na_2O、Sr、W、Ag、As、Cd、F、N、S、Sb、Sn、TC 含量高。

乐昌盆地为喀斯特盆地,以喀斯特地貌为主,东南部为红层,岩性以灰岩、砂岩、砾岩为主,土壤以赤红壤、潴育型水稻土及碱性紫色土为主。表层土壤地球化学特征总体上为各种元素含量接近全区背景值,仅北侧岩体附近出现个别元素高背景,如 Ag、As、Au、B、Ba、Bi、Cd、Cr、Cu、F、Hg、N、P、S、Sb、Sc、W、CaO、SiO_2、MgO、Fe_2O_3 含量高。

2）丘陵区

乳源县大桥镇至乐昌市黄圃镇为近北东向的碳酸盐岩区,以喀斯特地貌为主,岩性以灰岩、白云岩为主夹少量砂岩,土壤以红色石灰土和赤红壤为主夹少量潴育型水稻土,地表河流水系不发育,表层土壤受外界干扰较弱。表层土壤地球化学特征为亲铁、亲硫的多种元素高背景,而与花岗岩成岩相关的 Na_2O、K_2O、U、Th 等为低背景,Au、B、Cd、Co、Cr、Cu、F、Hg、Mn、Mo、N、Ni、P、Sb、Sc、Sr、Ti、V、Zn、MgO、CaO、TC、Fe_2O_3 为高背景,局部 W、Sn 高含量区与已知矿点和隐伏岩体位置吻合。

3）中低山区

乳源县附城镇至乐昌市大源镇为粤北近南北向的重要赋矿层位寒武系、震旦系组成的中低山区,岩性为以硅质岩、板岩为主的变质岩,地形陡、切割深,土壤以红壤、黄壤为主,土层风化较厚。表层土壤地球化学特征总体上为亲铁、亲硫元素为高背景,如 Au、Ag、As、B、Ba、Br、Cl、Co、Cr、Cu、Hg、I、MgO、Mn、Mo、N、Ni、S、Sb、Sc、Se、V、SiO_2、Fe_2O_3 含量高,而 Al_2O_3、CaO、Na_2O、K_2O、Be、Bi、Ce、F、Ga、Ge、Nb、Pb、Zn、W、Sn、Rb、Sr、Zr、La、Y、Tl、U、Th 等为低背景。

2. 浈江流域

浈江起源于江西省,接受南雄市、始县兴、仁化县辖区的物源补给。韶关境内浈江的汇水域为南西向的狭长地带,两侧为陡峻的花岗岩山地,中部为宽广平缓的砂岩红层盆地。受制于岩性差异,表层土壤中元素含量具南西向分带性,同时元素含量受岩体物质的扰动明显。

1）山间盆地

南雄盆地属红层盆地,以丹霞地貌为主,岩性为紫红色复成分砾岩、含砾砂岩,土壤为碱性紫色土。表层土壤地球化学特征总体上为营养元素 N、K 及大部分有益微量元素贫化,Bi、Br、Ce、Cl、Cr、Ga、Ge、Hg、I、La、Mn、Mo、N、Pb、S、Se、Tl、U、Y、Zn、Al_2O_3、K_2O、Corg、TC 为明显低背景,而仅 Ag、B、Co、Sr、Zr、SiO_2、MgO、Na_2O 为高背景。

仁化县董塘盆地,南北岩性差异较大,北部为花岗岩及寒武系变质岩系,南部为红层,岩性以变质砂岩、紫红色复成分砾岩、含砾砂岩、灰岩为主,土壤为红壤和潴育型水稻土。盆地内有凡口铅锌矿山及冶炼企业,矿业历史悠久。表层土壤地球化学特征总体上为亲硫元素及大多数重金属元素高背景,如 Ag、Ba、Br、Cd、Co、Cu、Hg、Ni、S、Sb、Sc、Zn、SiO_2、Fe_2O_3、MgO 含量高,元素高值区主要分布于矿山及下游区域,表明矿业活动对该区元素含量变化影响显著,而 Al_2O_3、Na_2O、K_2O、Be、Bi、Ce、Cl、Cr、F、Ga、Ge、I、La、Li、Mn、Mo、N、Nb、Se、Sn、Sr、Th、Tl、U、W、Y、Corg、TC 属低背景。

2）丘陵区

仁化县丹霞山区域为典型的红层区,以丹霞地貌为主,岩性为紫红色复成分砾岩、含砾砂岩,土壤为红壤和潴育型水稻土。表层土壤地球化学特征总体上为营养元素 N、K_2O 及大部分有益微量元素贫化,SiO_2、MgO 为高背景,Ag、Ba、Be、Cd、Co、F、Ni、Sb、Sr、CaO 接近全区背景值,其他元素均为低背景。

韶关市大桥镇至始县兴都亨乡一带,位于岩体与红层之间,出露地层为寒武系、奥陶系、泥盆系、石炭系,并见花岗岩小岩株零星分布,土壤以红壤、黄壤为主。受地层区岩性及岩体成岩成矿作用影响,表层土壤地球化学特征总体上为亲硫、亲铁元素高背景,如 Ag、As、Au、B、Bi、Br、Cd、Co、Cr、Cu、I、Mo、N、Ni、P、S、Sb、Sc、Se、Ti、V、W、Zn、SiO_2、Fe_2O_3、MgO、CaO、Corg、TC 含量高,而 Ce、Ga、Ge、Hg、La、Nb、Pb、Sr、Al_2O_3、Na_2O、K_2O 属低背景。

3）中低山区

始兴县罗坝镇至坪田镇,为南雄盆地东南侧的花岗岩区,少量北东向断裂穿过,成岩成矿作用不明显,土壤以红壤和潴育型水稻土为主。表层土壤地球化学特征总体上为亲石元素高背景、亲铁元素和亲硫元素低背景,如 K_2O、Na_2O、Al_2O_3、Ag、Ba、Be、Bi、Br、Ce、Cl、Ga、Ge、La、Nb、Rb、P、Pb、Sn、Sr、Zr、Y、U、Tl、Th 等含量高,而 B、Br、Cd、Cu、Hg、Ni、Sb、Sc、V、SiO_2、Fe_2O_3、MgO 含量相对全区背景值较低。

3. 韶关市区附近流域

韶关市区附近以韶关盆地为主体,自乳源县附城镇至浈江区枫湾镇一带,地貌主要为丘陵和冲积小平原。武江、浈江交汇于韶关市区形成北江干流,同时有南水、曲江等支流水系的注入,河流水面平缓宽广,上游沉积物携带的各种元素更易沿河两岸沉积。岩性以灰岩、砂岩、砾岩为主,土壤类型为红色石灰土、红壤和潴育型水稻土,岩石和土壤中整体钙质较高。受制于本地地质状况、上游物质输送、人类改造活动,表层土壤地球化学特征总体上为亲铁元素、亲硫元素大多为高背景,如 Ag、As、Au、B、Bi、Cd、Co、Cr、Cu、F、Ge、Hg、Mn、P、Pb、S、Sb、Sc、Sr、Ti、V、Zn、Zr、Fe_2O_3、CaO 含量高,而 Ba、Ce、Ga、La、Rb、Tl、Al_2O_3、K_2O 属低背景,其他元素含量接近全区背景值。

在乳源县一六镇、犁市镇至华坪镇、北江两岸均出现大面积 Hg、S、Cd、Pb、Zn、Cu、Ni 等高值区。一六镇南部出现局部 W、Sn 等多元素套合较好的高含量区,指示附近成矿作用导致的多金属高背景场属自然作用导致。韶关矿业发达,钢铁、冶金等重工业历史悠久,含重金属污染物的排放或泄露均会在表层土壤中留下痕迹,北江沿岸高背景区域与工业、矿业分布较吻合,属于由人类活动影响造成。

4. 瀚江流域

瀚江流域南、北两侧紧靠花岗岩体,中部为泥盆系、石炭系,岩性以砂岩、粉砂岩为主夹少量灰岩,土壤以红壤、赤红壤、潴育型水稻土为主,夹少量酸性紫色土。由于流域面积小,河流较短,表层土壤地球化学特征代表本底受花岗岩风化物质的影响情况,B、Co、Cr、Ge、P、Sc、Ti、V、Zr、SiO_2、CaO、Au 属高背景,但不同元素高含量成因不同,As 的高背景与帽子峰组比较吻合,Ge、Zr 高含量则是继承了花岗岩风化物所致。Ba、Br、Cu、F、Hg、Li、Ni、Sb、Sr、Y、Fe_2O_3 接近背景值,其他元素则为低背景。

5. 新丰江流域

佛冈岩体东缘的新丰江流域隶属于韶关的面积较小,岩性以寒武系变质砂岩和泥盆系砂岩为主,夹少量灰岩、砾岩、花岗岩,土壤以赤红壤、红壤为主,少量黄壤、潴育型水稻土。表层土壤地球化学特征与瀚江流域接近,相对全区仅 As、Br、Ge、Sr、Ti、V、Au 为高背景。

6. 其他区域

乳源县大布镇至洛阳镇区域,为花岗岩外接触带,岩性为灰岩,土壤类型为红色石灰土。受岩浆热液成矿作用和灰岩地球化学障的作用,该区域出现了多元素高背景特征,如 Ag、As、Au、B、Bi、Br、Cd、Cl、Co、Cr、Cu、F、Ga、Ge、Hg、I、Mn、Mo、N、Ni、P、Pb、S、Sb、Sc、Se、Sn、Sr、Ti、V、W、Zn、Fe_2O_3、MgO、CaO、Corg、TC 均为高含量,仅 La、SiO_2、K_2O 为低背景。

二、深层土壤元素地球化学分布特征

深层土壤地球化学特征主要反映原始自然状态条件下土壤地球化学的区域特征。韶关中山区、低山丘陵地区主要发育残坡积、坡积相红壤、黄壤,石灰土,紫色土等,该区深层土壤地球化学分布特征主要与地质背景条件和母岩、母质地球化学性质相关,母岩、母质地球化学性质是造成深层土壤地球化学特征变化的主要因素。第四纪松散沉积物深层土壤地球化学分布特征主要受沉积环境、沉积物来源和沉积物物理化学性质的控制。

(一)韶关弧形山系

3 条弧形山系由花岗岩带组成,成岩时代、岩性差异不大,花岗岩残坡积物继承了母岩、母质的地球化学特征,深层土壤中 Al_2O_3、Na_2O、K_2O、U、Th、Pb、Ce、Ga、Nb、W、Sn、La、Y 等含量高,而 CaO、MgO、SiO_2、B、As、Au 等含量低。

1. 韶关北部

韶关北部蔚岭、大庾岭山地以侏罗纪和白垩纪花岗岩、二长花岗岩为主。结合深层土壤元素特征韶关北部分为东、西两部分,西部深层土壤中 Be、Bi、Br、Ga、Ge、I、Li、Mo、Nb、Pb、Rb、Se、Sn、Th、Tl、U、W、Y、Corg、TC 含量高,Cd、Ce、Cl、Hg、S、Zn、Al_2O_3、Na_2O、K_2O 含量接近全区背景值,其他元素含量较低;东部深层土壤中 Ba、Be、Ce、Cl、La、Li、Nb、P、Rb、Sn、Sr、Th、Tl、U、Y、Zr、Na_2O、K_2O、Corg 含量高,Bi、Co、Ga、Mn、Pb、W、Zn、SiO_2、Al_2O_3、CaO、TC 含量接近全区含量,其他元素含量较低。

2. 韶关中部

以北江为界,韶关中部山系分为东、西两部分,以侏罗纪花岗岩为主,两部分时代、岩性、区域成岩成矿环境相似导致两侧深层土壤元素地球化学特征相似,而东部岩体亲铁、亲硫元素更丰富,与已知东部产出的大宝山铜多金属矿、瑶岭钨多金属矿等情况吻合。西部大东山花岗岩体土壤中 Be、Bi、Br、Ce、Ga、I、Mo、Nb、Pb、Rb、S、Se、Sn、Th、Tl、U、W、Y、Al_2O_3、K_2O 含量高,Ag、As、B、Ba、Co、Cr、Cu、Mn、N、Ni、P、Sb、Sc、Sr、Ti、V、SiO_2、Fe_2O_3、MgO、Au、CaO 含量较低;东部土壤除 Be、Bi、Br、Ce、Ga、I、Mo、Nb、Pb、Rb、S、Se、Sn、Th、Tl、U、W、Y、Al_2O_3、K_2O 含量高外,Ge、La、Li、Zn、Cu、Mn、P、Sb、Au 含量也较高,其他元素含量相当。

3. 韶关南部

韶关南部新丰岩体为区域上佛冈岩体的一部分,以侏罗纪花岗岩为主,存在多起岩浆活动。深层土壤地球化学特征与北部、中部花岗岩区大致一致,但丰缺略有不同。新丰岩体 Ba、Ce、Cl、Ga、Ge、La、Mn、Mo、Nb、Rb、Sn、Th、Tl、U、Y、Zr、Al_2O_3、Na_2O、K_2O 含量高,Ag、As、B、Br、Cd、Co、Cr、F、Hg、Li、N、Ni、Sb、Se、Ti、SiO_2、MgO、CaO、Au、TC、Corg 含量较低,而 Be、Bi、Cu、I、P、Pb、S、Sc、Sr、V、W、Zn、Fe_2O_3 与全区背景相当。

(二)韶关弧形山间区域

弧形山间分布白垩纪红层盆地、石灰岩盆地及盆边的低山丘陵,盆地内第四系发育河流相、山前洪积相冲洪积物、残坡积物,盆边低山丘陵区发育残坡积物。因此,无论盆地内部还是盆地边缘,深层土壤的地球化学特征与地质背景两者之间存在着密切的成因联系。红层盆地土壤高背景元素较少,而灰岩区(盆地)土壤亲硫、亲铁元素(如 Cd、Cr、Ni、Co)较多,为高背景,变质岩系山区土壤也存在亲硫元素较多,为高背景现象。

1. 武江流域

1)山间盆地

坪石盆地为红层盆地,受外围灰岩沉积组分影响,深层土壤中富含钙质,Cd、Sr、SiO_2、MgO、CaO 含量高,Cl、Co、Cu、F、Li、Mn、N、Ni、Sb、Na_2O、W 与全区含量相当,其他元素含量相对较低。

乐昌盆地为灰岩盆地,南侧为红层丘陵,北侧受九峰山岩体外接触带成矿作用及花岗岩风化物质的制约,深层土壤中 Ag、S、Ti、W、Corg 含量高,Be、Bi、Ce、F、Ga、La、Mn、Nb、Rb、Sn、Th、Tl、Y、Al_2O_3、Na_2O、K_2O 含量较低,其他元素含量与全区含量相当。

2)丘陵区

乳源县大桥镇至乐昌市黄圃镇以灰岩为主,受灰岩原地风化淋岩作用影响,重金属等元素容易富集,同时受南北岩浆活动及瑶山复背斜的制约,深层土壤富含亲硫、亲铁元素,As、B、Cd、Co、Cr、Cu、F、Hg、Mn、Mo、N、Ni、S、Sb、Sr、Ti、V、Zn、Fe_2O_3、MgO、CaO、Na_2O、Corg、TC含量高,I、Sc、Se、U、Zr、SiO_2、Au含量与全区含量相当,其他元素含量相对较低。

3)中低山区

乳源县附城镇至乐昌市大源镇为寒武系老地层,以变质岩系为主,该时代岩系是粤北重要的多金属矿质物源。深层土壤中亲硫、亲铁元素,V、As、Cl、Co、Cr、Cu、F、Hg、I、N、Ni、P、S、Sb、Sc、Se、Ti、Zn、SiO_2、Fe_2O_3、MgO、Corg、TC、Au含量高,Ba、Mo、K_2O含量与全区含量相当,其他元素含量较低。

2. 浈江流域

1)山间盆地

南雄盆地为红层盆地,富含元素相对较少,但受两侧花岗岩风化物质的叠加,深层土壤中亲石元素、放射性元素和稀土元素含量增高,SiO_2、MgO、Cl、Zr含量高,Ba、Be、Co、Cr、Cu、La、Li、Nb、Ni、Rb、Sr、Th、Ti、Tl、U、V、Y、CaO、Na_2O与全区含量相当,其他元素含量相对较低。

仁化董塘盆地为喀斯特盆地,该区有著名的凡口铅锌矿床,受低温成矿作用影响,深层土壤中Ag、Ba、Cd、Cr、Ni、Pb、S、Sb、Se、Zn、SiO_2含量高,B、Be、Bi、Ce、F、Ga、I、Li、Mn、Mo、Nb、Sn、Sr、Th、Tl、U、W、Al_2O_3、CaO、Na_2O、K_2O含量较低,其他元素含量与全区含量相当。

2)丘陵区

仁化丹霞山为红层丘陵,成岩成矿作用较弱,深层土壤中富含元素较为简单,SiO_2、MgO、Ge、Sb含量高,Cl、Co、Cr、F、La、Li、Ni、Rb、Sr、Th、Ti、Fe_2O_3、K_2O与全区含量相当,其他元素含量相对较低。

韶关市大桥镇至始兴县都亨乡为变质砂岩与灰岩组成的低山丘陵,受两侧岩体外接触成矿作用影响,局部深层土壤中富含较多亲硫、亲铁元素,SiO_2、As、Cd、Cl、W、V、Sb、Corg、TC含量高,Ag、B、Ba、Be、Bi、Br、Co、Cr、Cu、I、Mn、Ni、P、Pb、Rb、S、Sc、Se、Sr、Ti、Zr、Fe_2O_3、K_2O与全区含量相当,Ce、F、Ga、Ge、Hg、La、Li、Mo、N、Nb、Sn、Th、Tl、U、Y、Zn、Al_2O_3、CaO、Na_2O、Au含量相对较低。

3)中低山区

始兴县罗坝镇至坪田镇为侏罗纪花岗岩体,存在多期岩浆活动,成土母质以花岗岩为主。深层土壤中亲铁元素及放射性元素含量较高,Be、Bi、Ce、Ga、La、Mo、P、Pb、Sn、Sr、Th、Tl、Zr、K_2O含量高,Ag、Ba、Cd、Cl、Co、Ge、Li、Rb、S、W、Y、Zn、Al_2O_3、MgO、Na_2O、Corg、TC与全区含量相当,As、B、Br、Cr、Cu、F、Hg、I、Mn、N、Nb、Ni、Sb、Sc、Se、Ti、U、V、SiO_2、Fe_2O_3、CaO、Au含量相对较低。

3. 韶关市区

韶关市区附近受多种因素影响,成土母质分为沉积相、冲洪积相、坡积残坡积相,且物源较为复杂。因此,该区域形成了沿北江的带状分布、与矿点位置(一六矿田)套合较好的点状分布浓集区,以韶关盆地为主体的韶关市区历史工业(韶钢基地)排放影响深层土壤元素含量。在多重影响下,韶关市区深层土壤中As、Cd、Co、Cr、Cu、F、Hg、Mn、Ni、Sb、Sc、Sr、Ti、V、Zr、Fe_2O_3、CaO含量高,Ag、B、Ce、Ge、I、La、Li、Mo、N、P、Pb、Rb、S、Se、Th、U、W、Y、Zn、SiO_2、MgO、Na_2O、Au与全区含量相当,Ba、Be、Bi、Br、Cl、Ga、Nb、Sn、Tl、Al_2O_3、K_2O、Corg、TC含量相对较低。

4. 翁江流域

翁江流域为砂岩、灰岩盆地,受两侧岩体外接触成岩成矿作用和花岗岩风化搬运作用影响,深层土壤出现多处亲硫、亲铁元素高值区与已知矿点位置(如大宝山矿田)套合较好。该流域深层土壤总体上B、Ba、Co、Cr、Sc、Ti、V、Fe_2O_3含量高,SiO_2、MgO、CaO、Na_2O、Ag、As、Au、Br、Ce、Cu、F、La、Mn、Ni、P、Sb、Sr、Y、Zr与全区含量相当,Be、Bi、Cd、Cl、Ga、Ge、Hg、I、Li、Mo、N、Nb、Pb、Rb、S、Se、Sn、Th、Tl、U、W、Zn、Al_2O_3、K_2O、Corg、TC含量相对较低。

5. 新丰江流域

新丰江流域 Sc、Se、Ti、V、Zr、Fe_2O_3 含量高,As、Ba、Br、Co、Cr、Cu、Hg、I、Li、Mn、N、Ni、P、S、Sb、Sr、Corg、TC、Au 与全区含量相当,其他元素含量相对较低。

三、元素富集分布区特征

(一)地球化学背景与富集(异常)区

由于元素的不均匀性分布,相对地球化学背景存在的元素富集现象,元素含量的特高(富集)或特低(贫化)现象称为地球化学异常。通过分析异常可以研究元素的迁移、富集及组合规律,我们通常关注以富集为特征的正异常,而以贫化为特征的负异常往往作为弱化探讨的对象。

在勘查地球化学找矿中,通过对元素地球化学背景的研究来发现并识别各类与成矿作用有关的异常。相对背景而言,矿致异常具有很高的衬度、强度及元素变化梯度;地质体引起的异常具有强度大、含量梯度小、与地质母体元素地球化学组合特征一致等特点,这种地质体高含量元素即为高背景元素,地质体的平均含量为元素的背景值。

同样,在环境地球化学研究中,人类活动叠加导致局部的元素特高含量也是地球化学异常,由于人类叠加活动的多样性这种异常特征更复杂。因此,在探讨这类异常时必须讨论土壤环境背景值,来判断自然本底与人类活动的主次关系,很难定量探讨人类活动的含量贡献度。

(二)元素富集分布区圈定

基于环境管理、农业开发工作的需求,利用全区计算结果的背景上限值(异常下限)圈定重金属、营养有益、放射性元素富集区范围,并对富集特征和成因进行浅析,圈定富集区选取参数见表3-1。本书着重讨论表层土壤 Cd、Hg、Pb、As、Cr、Ni、Zn、Cu 重金属元素,营养有益元素/指标 TC、N、S、Se 等和放射性元素 U、Th 的富集区特征。

表 3-1　韶关市表层土壤各元素富集区圈定取值参数表

元素/指标	Cd	Hg	Pb	As	Cr	Ni	Cu	Zn
	μg/g							
取值	0.46	0.25	128.10	38.98	163.12	47.54	48.38	132.47
元素/指标	N	S	Se	U	Th	Corg	TC	K_2O
	μg/g					%		
取值	2 609.02	442.20	0.80	22.69	67.98	3.20	3.15	7.07

1. 重金属元素

韶关市重金属富集区面积较广,表层土壤结果显示有 4500 km^2 的土壤面临不同程度重金属富集问题,约占全区土地总面积的 24.44%,此次共划分 16 个重金属元素富集区,重金属富集区分布位置见图 3-1,重金属富集区特征见表 3-2。

从图 3-1 和表 3-2 中可知,全区富集最严重的重金属元素是 Cd、As、Hg。其中,Cd 表现为大面积连续分布、与灰岩地层套合较好、在多金属矿成矿区河流两侧出现较高含量;As 出现多处高值区与热液成因矿区套合较好；Hg富集区连片与矿区套合较好且在城市区域出现高值区；Cu、Pb、Zn富集区呈点状分布与矿点位置套合较好。

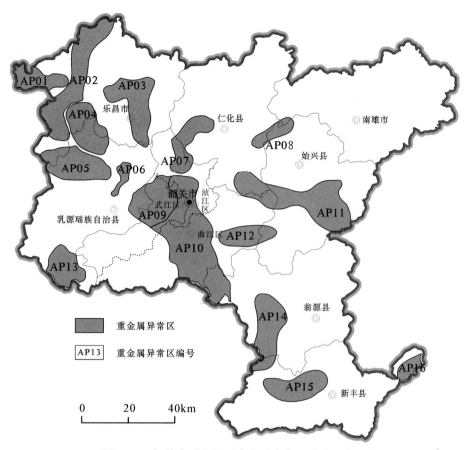

图 3-1 韶关市重金属元素主要富集区分布示意图

表 3-2 韶关市重金属元素主要富集区情况列表

编号	位置	面积/km²	富集元素	制约因素推断
AP01	乐昌市坪石镇	150	As、Cd、Cu、Pb、Zn	跨省输入、工矿业活动影响
AP02	乐昌市沙坪镇至黄圃镇	453	As、Cd、Hg	碳酸盐岩风化次生富集
AP03	乐昌市大源镇至常来镇	323	As、Cd、Cu、Hg、Pb、Zn	地质高背景、矿业活动影响
AP04	乐昌市梅花镇至乳源县必背镇	268	As、Cd、Hg、Pb、Zn	地质高背景、矿业活动影响
AP05	乳源县大桥镇至阳山县秤架乡	312	As、Cd、Pb、Zn	矿业活动
AP06	乳源县必背镇至附城镇	51	As	地质高背景
AP07	仁化县董塘镇至浈江区犁市镇	209	Cd、Hg、Pb、Zn	地质高背景、矿业活动
AP08	仁化县黄坑镇至南雄市百顺镇	103	Cd、Hg	地质高背景、矿业活动
AP09	乳源县一六镇至武江区西联镇	304	As、Cd、Cu、Hg、Pb、Zn	地质高背景、矿业活动
AP10	浈江区犁市镇至翁源县铁龙镇	825	As、Cd、Cu、Hg、Pb、Zn	外源堆积、地质高背景、工矿业活动
AP11	仁化县大桥镇至始兴县司前镇	580	As、Cd、Cr、Cu、Pb、Zn	地质高背景、矿业活动
AP12	曲江区沙溪镇至始兴县隘子镇	172	Cu、Ni、Pb、Zn	地质高背景、矿业活动
AP13	乳源县洛阳镇至大布镇	190	As、Cd、Cu、Pb、Zn	地质高背景、矿业活动

续表 3-2

编号	位置	面积/km²	富集元素	制约因素推断
AP14	翁源县官渡镇至江尾镇	303	As	地质高背景、矿业活动
AP15	新丰县黄礤镇至遥田镇	243	Cu、Ni	地质高背景、矿业活动
AP16	新丰县马头镇东北角	65	As、Hg、Ni	地质高背景

富集重金属最强的区域为韶关市区、乳源县一六镇、乐昌市云岩镇、乳源县大布镇、乳源县大桥镇、仁化县董塘镇等。大部分区域元素富集与地质高背景密切相关，工矿业活动扩大了这种局部高度富集的范围，同时工矿业活动也促成了跨地富集现象。例如乐昌市坪石镇红层区河流附近土壤中出现了 Cd 的两个孤立特高值点，揭示了湖南省内工矿业活动对本地土壤的跨界污染。

2. 营养有益元素/指标

韶关市营养有益元素/指标 TC、Corg、S、N、P、K₂O 富集区主要分布于山区，而以南雄盆地为代表说明耕作区域整体相对缺乏。这体现了营养有益元素/指标以植物原地腐殖赋存的自然富集为主，而在人类生产改造区营养元素流失的特征。花岗岩区、灰岩区与红层区的含量差异则体现出成土母质对营养有益元素/指标的本底决定作用。

区域上表层土壤 TC、N、S 富集区较少、面积小且元素套合较差，表明了含量分配主导因素的差异，TC、N、S 富集区位置见图 3-2，TC、N、S 富集区情况统计见表 3-3。此次共圈定营养有益元素/指标富集区 12 个，面积为 942km²，占全区土地总面积 5.12%，主要分布在乳源县、乐昌市、仁化县等辖区，而新丰县、翁源县、南雄市未见富集区。仁化县土壤 N 呈现为独立富集，可能与农业活动关系密切，而总体上 TC、S 套合较好，且属成矿元素地质高背景区显示了与自然要素关系更密切。

图 3-2 韶关市 TC、N、S 主要富集区分布示意图

表 3-3 韶关市 TC、N、S 主要富集区情况列表

编号	位置	面积/km²	富集元素/指标	制约因素推断
AP01	乐昌市坪石镇至沙坪镇	256	TC、S	地质高背景
AP02	仁化县红山镇	98	N	农业活动
AP03	仁化县扶溪镇	55	N	农业活动
AP04	乐昌市长来镇	30	TC、S	地质高背景
AP05	乳源县大桥镇	130	TC、Corg、N、S	地质高背景、农业活动
AP06	仁化县石塘镇至浈江区犁市镇	107	TC、S	地质高背景、矿业活动
AP07	乳源县洛阳镇	59	TC、Corg、N、S	地质高背景、农业活动
AP08	乳源县附城镇	37	TC、S	地质高背景、农业活动
AP09	始兴县罗坝镇	61	TC、Corg、S	地质高背景
AP10	乳源县大布镇	26	TC、Corg	地质高背景
AP11	曲江区罗坑镇	22	TC、Corg	地质高背景
AP12	曲江区沙溪镇	61	S	地质高背景、矿业活动

全区 P 质量分数为 520μg/g，与全国平均含量相当，66% 的土壤 P 含量较低（低于 600μg/g），以乳源县、仁化县、新丰县缺乏较严重，依据土壤背景值上限为标准未见明显富集区域。

韶关市 K 含量较高，以背景值上限圈定，土壤 K 富集区达 4500km²，占韶关市土壤 24.44%，主要分布在乐昌市西部、仁化县北部、始兴县、新丰县西部、乳源县西部、翁源县北部，其分布与花岗岩分布较为吻合，含量与成土母质关系密切，属二长花岗岩富 K 所致。

韶关市属富硒区，土壤中 Se 含量高，分布面积广，应当资源化开发利用。韶关市表层土壤 Se 含量区间为 0.06～10.8μg/g，平均为 0.36μg/g，变异系数为 0.8，整体含量接近国家土壤富硒标准值 0.40μg/g，是全国土壤平均值的 1.8 倍。韶关土壤 Se 高含量（0.4～3μg/g）标准的土地面积达 8097km²，占全区土地总面积的 43.98%，主要分布在乳源县、乐昌市、武江区、曲江区、始兴县、新丰县等地。

依据表层土壤 Se 背景值上限 0.8μg/g 圈定富集区，此次共圈定 9 个 Se 富集区，主要分布在乳源县洛阳镇、大布镇、游溪镇，在武江区、新丰县、始兴县、浈江区、曲江区零星分布。其中，乳源县洛阳镇、游溪镇、武江区富硒土壤重金属含量最低，可作为富硒相关产业开发的重点区域。Se 主要富集区分布位置见图 3-3，Se 富集区情况统计见表 3-4。

区域上各成土母质均出现了高含量特征，变质岩母质区、砂页岩母质区、酸性火山岩母质区、碳酸盐岩母质区、花岗岩类母质区土壤 Se 质量分数均大于 0.4μg/g，仅紫红色砂页岩（红层）母质区、河流冲洪积物母质区土壤 Se 平均质量分数低于 0.4μg/g，Se 的高含量与当地岩浆热液活动强烈及寒武系老地层分布密切相关。

（三）元素富集成因分类

从区域上看，地球化学富集分布区的形成主要是由地质环境因素和人类活动造成的，地质环境引起的异常往往具有面积大、分布均匀、多元素组合的特征，而人类活动引起的异常往往具有点状、顺排放路径分布，元素组合缺失的特点，如花岗岩体放射性元素富集区，灰岩区大面积 Cd 富集区，帽子峰组 As 富集区，火电厂附近 S、Hg 富集区等。

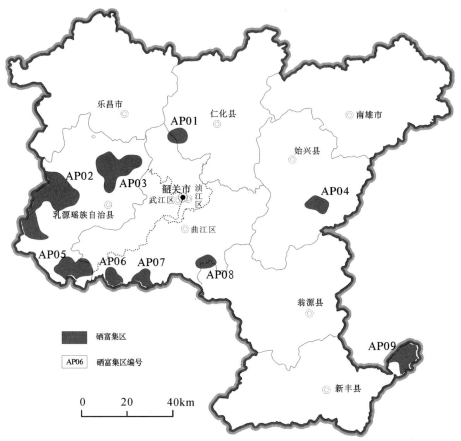

图 3-3 韶关市有益元素 Se 主要富集区分布示意图

表 3-4 韶关市有益元素 Se 主要富集区情况列表

编号	位置	面积/km²	富集区地质地球化学特征	制约因素推断
AP01	浈江区花坪镇	16	煤层,富含重金属 Hg、Pb、Cd 等	煤层富集
AP02	乳源县洛阳镇	275	花岗岩区,重金属低含量	花岗岩地质高背景
AP03	乳源县游溪镇	189	寒武系变质砂岩,局部富含 As	老地层地质高背景
AP04	始兴县罗坝镇	53	花岗岩浅覆盖寒武系变质砂岩,矿点多	成矿地质高背景
AP05	乳源县大布镇	113	花岗岩外围老虎头组砂岩,多种重金属富集	地质高背景、矿业活动
AP06	曲江区罗坑镇	43	花岗岩外围杨溪组砂岩,重金属低含量	地质高背景
AP07	曲江区樟市镇	42	花岗岩外围杨溪、老虎头组砂岩,重金属含量低	地质高背景
AP08	曲江区沙溪镇	40	大宝山矿区周围,重金属富集区	成矿地质高背景
AP09	新丰县马头镇	24	石炭系灰岩	地质高背景

针对韶关市不同流域、沉积环境、岩性、成矿地质条件、工矿业分布等情况,划分出一系列地球化学元素富集区,按成因大致分成 4 类,即岩性富集区、矿致富集区、人为影响区及复合富集区。

1. 岩性富集区

此类富集区主要分布于特定岩性区,其空间分布和形态特征与某一地质体吻合,引起该类富集的岩性分为以下几类。

花岗岩中亲石元素、稀有分散元素、放射性元素一般高于其他岩石,因此以花岗岩为母岩土壤中这类元素含量高于以其他岩石为母质土壤中的元素含量,Sn、U、Th、Y、La 出现大面积区域性富集。这种富集因为岩性单一且地球化学环境相差不大,所以较为平缓,但在局部容易受地质作用改造叠加富集(或贫化)。例如乐昌市九峰镇至南雄百顺镇一带、乳源县洛阳镇至大桥镇一带的中生代花岗岩区均出现了 Sn、U、Th、Y 等异常,富集区与花岗岩展布形态相似,范围大小接近,充分表现了二者之间的联系。

粤北泥盆系-石炭系层位中往往富集铁族元素,受次生富集作用影响,易形成 Cd、Cr、Co、Ni、Fe_2O_3、Mn、Ti、Zn 大面积地球化学元素富集区,如乳源县大桥镇至乐昌市黄圃镇、韶关盆地的灰岩区均存在铁族元素地球化学富集区。

泥盆系帽子峰组砂岩中往往富含 As,在该区域土壤中往往会出现 As 异常,如翁源县分布的 As 富集区与地层套合较好。

2. 矿致富集区

韶关地区矿床(点)多,矿化类型复杂,主要矿种有铅、锌、铜、钨、锡、铋、钼、铁、铀、稀土、铌、钽、锑、汞等,相同类型矿种的成矿地质条件往往相似(杨大欢等,2015)。铅、锌、铜、硫、铁矿主要在沉积地层区,泥盆系是铅、锌、铜、银、锑矿的赋矿层位,寒武系是钨、锡、银矿主要赋存层位;钨、锡、铋、钼矿在花岗岩和古生代地层中均有分布,在地层区产出的多金属矿与燕山期花岗岩有关。

矿致富集区一般强度大,范围广,各成矿元素富集区空间分布吻合性强,浓集中心明显,与岩浆活动、断裂、矿化蚀变等地质特征具空间一致性。例如乐昌市云岩镇至大桥镇 Pb、Zn、Sb、As、Hg、Au、W 富集区,主要位于中上泥盆统碳酸盐岩岩系上,处在南北向梅花-大桥复式向斜的东翼。

富集区内已知矿床(点)有禾尚田钨锡矿、牛岭铅锌多金属矿床、深塘锑矿床、野鸭塘锑矿点、下坡砷矿点、出水岩砷矿点以及多个硫铁矿点,且呈现以钨锡矿为中心、环状分布的特点。例如乐昌市九峰山 F 富集区与当地产出萤石矿较为吻合。

3. 人为影响富集区

在自然状态下,元素含量的变化通常是缓慢的,但由于人类活动的直接或间接影响,使元素变化更加引起人们的关注。因为人类活动将直接或间接地改变着土壤环境质量,影响着生态安全和经济社会的可持续性。调查表明,人口密集的城区及周边、工业集中区及矿山开采区,都不同程度出现了地球化学元素富集,其富集组分和规模明显与人类活动内容与方式相一致。

浈江区犁市镇至华坪镇一带近南北向 S、TC 富集区,表层土壤出现带状富集,深层土壤未见富集,元素套合差,与当地煤矿开采和运输关系密切,人类活动影响显著。

乳源县一六镇 Sb、Pb、Zn、As、Hg、Au、W、Sn 富集区,主要位于乳源县一六镇及以南区域,该区产出曲江沐溪观音座莲锑矿、韶关市宝岭锑矿、曲江锡砂岭铅锡矿、一六多金属矿、西岸汞矿、一六砷矿、西联沐溪九马坑锑砷矿、曲江社主铁矿、曲江水口铁矿等矿床(矿点),高背景下的采矿活动使成矿元素富集区面积扩大。

4. 复合富集区

此类富集区是由多种因素导致,有表生环境中的地质作用因素也叠加了人为影响。富集区是地质高背景条件下,经表生富集作用和人为污染等众多因素共同作用的结果。此类富集区往往表现为分布范围广、元素组合复杂、浓集中心不明显或存在多个浓集中心的现象,各元素富集区空间分布的吻合性较差。

韶关盆地的北江干流沿岸 Cd、Hg、S、Pb、Zn、Cu 富集区,富集区展布与大型工矿企业(钢厂、电厂等)分布、河流流向套合较好,且有多个富集中心。这表明韶关市区继承了韶关凹陷盆地的元素特征,接受了北江上游沉积物的物质堆积,同时吸纳人类工业活动排放的物质。

仁化董塘盆地的Pb、Zn、Cd、Sb、Cu富集区内有凡口铅锌矿矿山及丹霞冶炼厂,富集区展布与矿山企业显著相关,在下游有沿水系展布的趋势。矿山西南方向的石塘镇一带土壤中Pb、Zn、Cd、Sb高含量属矿致因素,而矿山堆场、冶炼厂和传统污灌区叠加的大量人类活动使异常面积和强度加大,出现了富集区元素位置分异现象。

(四)表层、深层元素富集一致性分析

各元素含量总体上体现了表层、深层富集区分布一致性特征,以坪石镇、韶关市区为代表的局部区域存在明显差异。

在已知矿区附近,表层土壤重金属元素富集面积往往扩大,深层土壤富集强度更加凸显,但富集元素组合接近一致;在岩性区,表层、深层土壤具有特定富集元素,以碳酸盐岩区、花岗岩区、红层区最为明显。

通过表层、深层土壤数据一致性分析,可以推断人为影响富集区域。如坪石盆地、韶关市区表层土壤中富集的重金属元素种类和强度明显弱于深层土壤,这种表层、深层元素的富集不一致性揭示了外源的输入。

第二节 元素地球化学组合

一、元素组合特征

成土母质本身的元素发生迁移、转化形成了土壤的固有元素组合,在长期的自然营力和人类活动影响下,这种元素组合发生了此消彼长的重分配,呈现出与地球化学规律相似元素有规律共同消长的关系和较好的聚集性,同时干扰作用强烈的土壤呈现出个别元素特高或特低且无伴生性变化的现象。

对韶关市表层(浅层)、深层土壤中元素聚类分析、因子分析(表3-5,图3-4~图3-9),研究元素的组合、相生相减关系。结果表明,表层、深层土壤中元素组合特征相似,不同元素往往聚集在同一簇类中,在不同地质背景情况下元素组合也存在一定的差异。

表3-5 韶关市表层、深层土壤因子分析结果表

因子	表层土壤元素组合	深层土壤元素组合
F1	Rb、Tl、K_2O、Th、U、Nb、Na_2O、Ga、Al_2O_3、Y、Be	V、Cr、Fe_2O_3、Ti、Ni、Sc、B
F2	Mn、Cu、Fe_2O_3、Sc、Sn、F、Se、I、As、Ge、Br、Cd、Li、Mo、Cr	Ga、Al_2O_3、Zn、Se、Pb、Bi、S、Sn、Cu、Tl、Nb、I、Mo、Ge、Au、Sb、U、F、Th、As、Br
F3	W、Ag、Bi	Ce、Y、P
F4	Zr、Ba、La、Ce、Ti、Co、V、Ni	Mn、Co、Sr、pH
F5	Sr、S、P、CaO、Zr、TC、N、Corg、pH	Ag、Cd、N、Corg、TC、CaO、Be
F6	Au	La、Ba、Zr
F7	Pb、Zn、Sb	Rb、Li、K_2O、MgO、Na_2O
F8	Cl、MgO	Hg
F9	Hg	W
F10	B	SiO_2、Cl

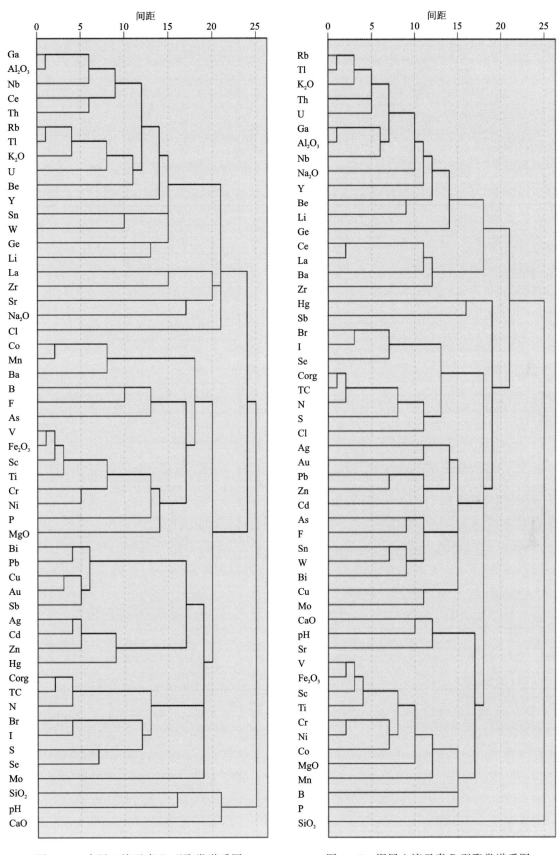

图 3-4 表层土壤元素 R 型聚类谱系图　　　　图 3-5 深层土壤元素 R 型聚类谱系图

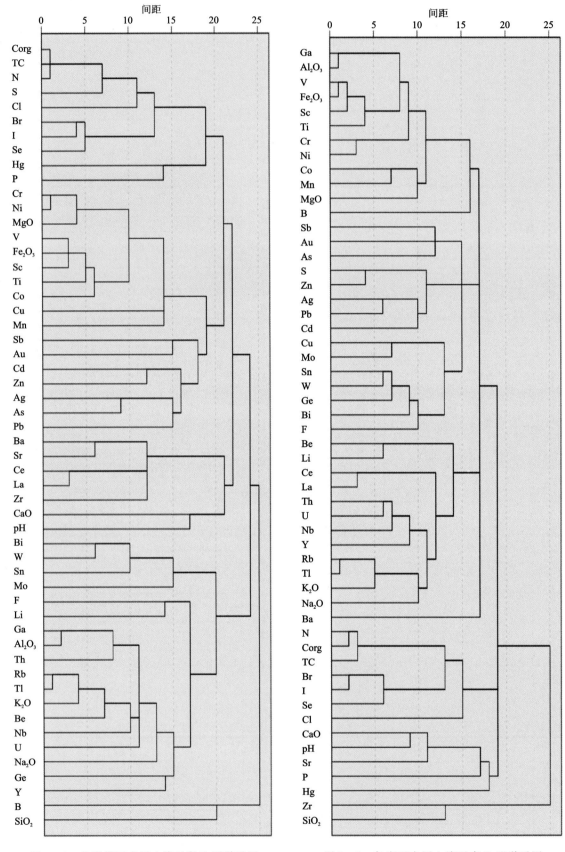

图 3-6 花岗岩区表层土壤元素 R 型谱系图　　　　图 3-7 灰岩区表层土壤元素 R 型谱系图

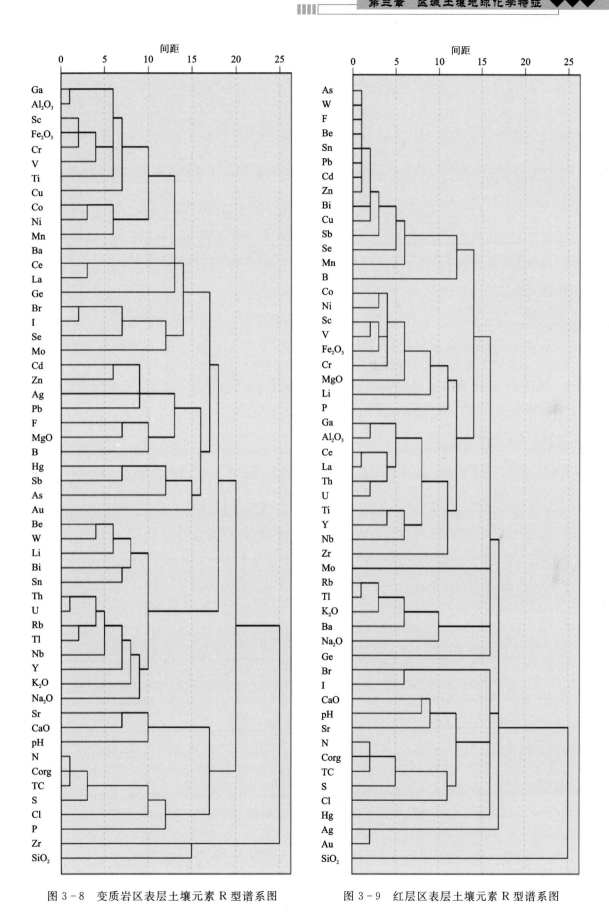

图 3-8　变质岩区表层土壤元素 R 型谱系图　　图 3-9　红层区表层土壤元素 R 型谱系图

1. 造岩元素/指标（如 CaO、MgO、K_2O、Na_2O、Al_2O_3）

造岩元素/指标与成土母质关系密切，以灰岩、花岗岩、碎屑岩（含红层）为成土母质的表层、深层土壤稳定地继承了造岩元素组合特点，无论表层还是深层土壤，造岩元素聚集在不同的簇团中，表明了各成土母质的差异性。其中，韶关地区 K_2O、Na_2O、Al_2O_3 更接近代表与花岗岩相关的成土母质，CaO、MgO 则代表了与灰岩、白云岩相关的成土母质。

2. 铁族元素/指标（如 Fe_2O_3、Ni、Cr、Co、V、Ti）

Fe_2O_3、Ni、Cr、Co、V、Ti 等铁族元素/指标地球化学性质相似，它具有亲铁、亲硫和亲氧的三重性。这些元素在韶关表层和深层土壤中均表现出紧密的亲和性，元素组合未见明显变化。这表明表生环境改造作用对土壤中铁族元素含量及组合影响较小，即本底的高背景掩盖了这种变化。

3. 亲硫元素（如 Cd、Cu、Pb、Zn、Se、Sb、Hg、As、Au）

这类元素一般为成矿元素或伴生元素，容易形成与矿床或含矿层位相关的地球化学元素异常。深层土壤元素组合往往更能反映成矿有关的信息，表层则受人类工矿业活动的影响物质组合发生细微变化。本区表层、深层土壤亲硫元素总体上具有相似的组合特征，但深层土壤出现了 Ag – Cd – Zn – Hg、Cu – Pb – Au – Sb 组合，表层土壤为 Cu – Pb – Zn – Cd、Hg – Sb 组合，Hg 更接近有机元素和铁族元素，表明了人类活动对 Hg、Cd 等亲硫元素改变明显。

4. 有机元素（C、N、P、S）

C、N、P、S 都是自然界中广泛存在的元素，也是土壤营养元素重要的组成部分。本区深层土壤有机元素聚合性差于表层土壤，表层、深层土壤中 N、C、S 相对接近，而 P 相对独立，工农业活动强烈区往往表现为较好的聚合性，与韶关土壤受人类农业改造面积比例实际相符。深层和表层土壤有机元素与卤族元素均出现了较好的聚合性，表明地质背景原因主导了该区的有机元素分布。

二、元素组合的地质意义

本区表层、深层土壤元素的组合特征充分揭示了元素分布与地质背景的关系，聚类结果进一步表明了地质背景对次生环境下表层土壤元素含量的决定作用。

（一）深层土壤元素组合

深层土壤 54 项指标进行 R 型聚类可大致分为三大簇群。

第一簇群：由 Ga、Al_2O_3、Nb、Ce、Th、Rb、Tl、K_2O、U、Be、Y、Sn、W、Ge、Li、La、Zr、Sr、Na_2O、Cl 聚合而成，总体与花岗岩相关造岩元素组合特征相似，同时也体现了花岗岩区 Sn、W 等成矿元素的高背景特征。第一簇群大致分为 3 个子簇群，分别为：第一子簇群 Ga、Al_2O_3、Nb、Ce、Th、Rb、Tl、K_2O、U、Be、Y、Sn、W、Ge、Li，体现了以造岩元素、放射性元素、成矿元素为主的组合，又可细分为关系更密切的 4 个小簇群元素组，即 Ga – Al_2O_3 – Nb – Ce – Th、Rb – Tl – K_2O – U – Be、Sn – W – Ge – Li；第二子簇群 La、Zr、Sr、Na_2O，体现了本区花岗岩稀土元素富集特征；第三子簇群为 Cl。

第二簇群：由 Co、Mn、Ba、B、F、As、V、Fe_2O_3、Sc、Ti、Cr、Ni、P、MgO、Bi、Pb、Cu、Au、Sb、Ag、Cd、Zn、Hg、Corg、TC、N、Br、I、S、Se、Mo 聚合而成，为亲铁、亲硫、亲有机元素的组合，表明深层土壤元素的来源相似性，揭示了地质高背景对区域元素含量的决定性影响。第二簇群可细分为两个子簇群：第一子群Co、Mn、Ba、B、F、As、V、Fe_2O_3、Sc、Ti、Cr、Ni、P、MgO，为铁族元素组合，又可细分为关系更密切的3个小簇群元素组，即Co-Mn-Ba、B-F-As、V-Fe_2O_3-Sc-Ti-Cr-Ni-P-MgO；第二子簇群Bi、Pb、Cu、Au、Sb、Ag、Cd、Zn、Hg、Corg、TC、N、Br、I、S、Se、Mo，为亲硫、亲有机元素组合，该子簇群体现了环境元素的关系非常紧密，表明了地质背景上的有机统一，又可细分为关系更密切的5个小簇群元素组，即Bi-Pb-Cu-Au-Sb、Ag-Cd-Zn-Hg、Corg-TC-N、Br-I-S-Se、Mo元素组。

第三簇群：由SiO_2、pH、CaO聚合而成，揭示了灰岩、红层（碎屑岩）、变质砂岩、花岗岩、第四纪堆积物的岩性差异对成土母质及土壤质地、酸碱度的影响。

（二）表层土壤元素组合

将表层土壤54项指标进行R型聚类，可大致分为三大簇群。

第一簇群：由Rb、Tl、K_2O、Th、U、Ga、Al_2O_3、Nb、Na_2O、Y、Be、Li、Ge、Ce、La、Ba、Zr聚合而成，总体与花岗岩相关造岩元素组合特征相似，体现了花岗岩成土母质在区域上对土壤元素含量的继承性影响。

第二簇群：由Hg、Sb、Br、I、Se、Corg、TC、N、S、Cl、Ag、Au、Pb、Zn、Cd、As、F、Sn、W、Bi、Cu、Mo、CaO、pH、Sr、V、Fe_2O_3、Sc、Ti、Cr、Ni、Co、MgO、Mn、B、P聚合而成。该簇群又可分为5个更为密切的元素子簇群，分别为：第一子簇群Hg、Sb，代表了中低温元素成矿作用；第二子簇群Br、I、Se、Corg、TC、N、S、Cl，代表了亲有机、有益元素组合；第三子簇群Ag、Au、Pb、Zn、Cd、As、F、Sn、W、Bi、Cu、Mo，代表了亲硫、成矿元素组合；第四子簇群CaO、pH、Sr，代表了钙质对土壤酸碱度的影响；第五子簇群V、Fe_2O_3、Sc、Ti、Cr、Ni、Co、MgO、Mn、B、P，代表了亲铁元素组合。

第三簇群：SiO_2，代表了区域地质背景多样、岩性差异大，尤其是红层分布对土壤硅质及土壤粒度有一定影响。

（三）岩性对元素组合的影响

成土母质决定了元素含量的基底，不同岩性区出现了不同的元素组合特征（表3-6、表3-7），也揭示了地质作用对元素分配的影响。以Cd、Hg、S、Se为例，不同岩性区Cd与Zn组合稳定，Ag、Pb、Cd、Zn往往组合在一起；花岗岩区、红层Hg与卤族、亲生物元素关系密切，而变质岩区则与亲硫、成矿元素关系密切，灰岩区则是与CaO、Sr、P、Hg、Zr-SiO_2形成组合；S在花岗岩区、红层区、变质岩区均表现出了亲生物的特性，在灰岩区则与Zn等低温成矿元素关系密切；Se在花岗岩区、红层区、变质岩区均表现出了亲卤族的特征，而红层区Se与多种亲硫、成矿元素关系密切，这与红层盆地的特殊物质来源有关。

表3-6 不同岩性区表层土壤元素R型聚类结果统计表

簇群	花岗岩区	灰岩区	变质岩区	红层区
第一簇群	Corg-TC-N、S、Cl、Br-I-Se、Hg、P	Ga-Al_2O_3、V-Fe_2O_3-Sc-Ti、Cr-Ni、Co-Mn-MgO、B	Ga-Al_2O_3、Sc-Fe_2O_3-Cr-V-Ti-Cu、Co-Ni-Mn、Ba、Ce-La、Ge、Br-I-Se-Mo	As-W-F-Be-Sn-Pb-Cd-Zn、Bi-Cu-Sb-Se-Mn、B
第二簇群	Cr-Ni-MgO、V-Fe_2O_3-Sc-Ti-Co、Cu-Mn、Sb-Au、Cd-Zn、Ag-As-Pb	Sb-Au-As、S-Zn、Ag-Pb-Cd、Cu-Mo、Sn-W-Ge-Bi-F	Cd-Zn、Ag-Pb、F-MgO-B	Co-Ni-Sc-V-Fe_2O_3-Cr-MgO-Li-P、Ga-Al_2O_3-Ce-La-Th-U-Ti-Y-Nb-Zr

续表 3-6

簇群	花岗岩区	灰岩区	变质岩区	红层区
第三簇群	Ba-Sr、Ce-La、Zr、CaO、pH	Be-Li、Ce-La、Th-U-Nb-Y、Rb-Tl-K_2O-Na_2O	Hg-Sb-As-Au	Mo
第四簇群	Bi-W-Sn-Mo、F、Li、Ga-Al_2O_3-Th、Rb-Tl-K_2O-Be-Nb、U、Na_2O、Ge-Y	Ba	Be-W-Li-Bi-Sn、Th-U-Rb-Tl-Nb-Y-K_2O-Na_2O	Rb-Tl-K_2O-Ba-Na_2O
第五簇群	B、SiO_2	N-Corg-TC、Br-I-Se、Cl	Sr-CaO-pH、N-Corg-TC-S-Cl、P	Ge
第六簇群		CaO、pH、Sr、P、Hg、Zr-SiO_2	Zr-SiO_2	Br-I、CaO-Ph-Sr、N-Corg-TC-S-Cl、Hg
第七簇群				Au-Ag
第八簇群				SiO_2

表 3-7　不同岩性区表层土壤因子分析结果表

因子	花岗岩区	灰岩区	变质岩区	红层区
F1	V、Ti、Fe_2O_3、Co、Cr、Sc、Ni、MgO、Cu	Ga、Al_2O_3、Fe_2O_3、Sc、Tl、Mn、Co、Cu、V、Li、Cr、Ni、Nb、Ge、F、MgO、Cd、Se	Ga、Al_2O_3、Sc、Fe_2O_3、Tl、Cu、Li、V、Ni、MgO、Ce、Br、Ag、I、Cr、K_2O、Ti、Ge	Zn、Cu、F、Cd、Mn、Pb、Bi、Be、Sn、As、W、Li、Se、Sb、Sc、Fe_2O_3、Ga、Co、Ni、MgO、V、Mo
F2	Br、I、TC、Corg、N、S、Se、Mn、Zn、Ga、Cl、Tl、Sb	Rb、Th、Tl、K_2O、U、Be、Na_2O、Y、SiO_2	Rb、U、Na_2O、Sn、Be、Th、Nb、W	Th、La、Ce、U、Nb、Al_2O_3、Y、Ba、Ti
F3	Ce、La、Ba、Sr、Al_2O_3、K_2O、Th、U	Sn、W、Bi、Ag、Pb	TC、S、N、Corg、Cl、CaO、P	Cr、N、pH、P、TC
F4	Bi、W、Sn、Ag、B、Ge、Be	TC、Corg、N、Cl、S	B、Cd、Zn、F、pH、Sb、As、Pb	K_2O、Sr、Tl、Rb、CaO
F5	Cd、P、Pb、Zr、Hg、Au、SiO_2	pH、CaO、Sr、P	Se、SiO_2	Hg、Corg、S、Cl、Zr
F6	Na_2O、CaO、Rb	Zr、Zn	Mn、Co、Ba	Au、Ag
F7	F、Li、Mo	Ba	Zr、La、Bi、Y	I、Br
F8	As	La、Ce、Mo	Hg、Au	Ge、B
F9	Y、Nb	Br、I	Mo、Sr	SiO_2
F10	pH	Au、Hg、As、Ti、B、Sb		

第三节 土壤地球化学分区

一、地球化学分区方法

运用聚类分析、因子分析等多元统计方法研究元素含量、组合等特征,结合地质矿产、遥感、土壤类型、土地利用等图件,在 MapGIS 软件中开展统计分析,研究元素的空间分布特征,根据地理地貌景观、岩性差异化分布、工矿企业、流域改造、物源分析等实际情况来细化元素组合分区单元,根据资料确定分区结果。

(一)分区依据

1. 元素数据

不同地质体内土壤元素含量具分异性,在不同的地质背景(成矿地质条件)下差异更加明显。元素往往具有一定的组合规律,一般按照高温、中温、低温元素组存在,受干扰情况下会出现杂乱的元素组合。地球化学分区主要依据 3 组具显著变化特征且有应用意义的元素/指标。

(1)农作物营养和有益元素的丰缺异常元素/指标:N、P、Corg、K_2O、MgO、CaO、B、Se、Cu、Zn、Mo、Fe_2O_3、Mn、Co、Ni、Ti、V、REE 等。

(2)工业污染或母质基岩自然富集的有害元素/指标:Pb、Hg、Cd、As、F、Cr、Ni、Cu 等。

(3)与矿化作用有关的元素/指标:W、Sn、Bi、Te、Mo、Be、Li、Rb、Cs、Nb、Ta、U、Th、Zr、Hf、Y、REE、Au、Ag、Pb、Zn、Hg、As、Te、Fe_2O_3、Mn、Co 等。

2. 地质背景依据

表层土壤元素含量和变化受许多因素影响,如母质岩石的性质和成分、工业污染等。但在大区域范围内元素的含量主要与母质有关,后期自然和人为因素的影响仅在局部范围内发生元素丰缺变化。因此,在全区大范围内进行地球化学分区以岩性组图作为背景资料。

韶关市受 3 条岩浆岩带的影响,形成了"三山夹两盆"的格局,三大岩体对本地元素分布特征影响显著,碳酸盐岩、碎屑岩、变质岩地层本身的性质差异决定了元素的面状基底,众多的矿(化)体特征决定了元素的点状异常分布,北江及其支流水系主导了地质体间浅表层的物质输送方式,人类工矿活动加速了物质流的交换和元素的叠加分布,但这些要素对元素分布的影响有主有次,有先有后。

由于粤北矿业发达相关地质地球化学研究程度较高,因此前人对韶关市的水系沉积物、重砂等均做了深入研究,以往元素地球化学分区结果也是本次分区重要参考。据 1:50 万广东省水系沉积物测量地球化学说明书(陈显伟等,1996),粤北为 As、Sb、W、Zn、Cu、Ag、Sn 地球化学区,以 As、Sb、Zn、Cu、Cd、W、Bi、Sn、Ag、F、B、Li、Ba、CaO、MgO 的高背景分布为主。

(二)分区原则

地球化学分区遵循主导性、综合性、合理性原则。首先,选择特征元素,将区域上分异明显且具有一定组合的元素组筛选出来作为主导要素;其次,综合各类已知地质矿产、工农业生产、水文气象、环境特点、地球化学调查等资料来综合评判分区界线;最后,对分区合理性进行实地分析验证,避免主观臆断。

地球化学分区命名格式为"地名-地质背景-特征元素组合"。

二、地球化学分区过程和结果

(一)分区过程

分析韶关市表层土壤地球化学数据,通过SPSS因子分析工具确定因子负载矩阵;据因子负载的大小和符号找出每个因子所代表的元素组合,即确定变量组合类型;提取特征元素组合,根据元素组合、样点分布的空间分析结果进行地球化学分区。

(二)地球化学分区结果

韶关市共分为四大类地球化学分区,即花岗岩类、碳酸盐岩类、变质岩类、红层类共计10个地球化学分区(表3-8,图3-10),每个分区都有自身的特点,多个地球化学分区内矿业活动影响明显,乳源县至韶关市富Hg、Cd地球化学分区工矿活动影响最强。

表3-8 韶关市表层土壤地球化学分区列表

编号	分区名称
Ⅰ区	乐昌市坪石镇红层富Cd、Sr、SiO_2、MgO、CaO、W区
Ⅱ区	乳源县大桥镇至乐昌市黄圃镇碳酸盐岩富Cd、Hg、Sb、Zn、MgO、CaO、F区
Ⅲ区	乳源县附城镇至乐昌市大源镇变质岩富As、Se、Sb、Hg、Au、F区
Ⅳ区	九峰-诸广山复式花岗岩体富K_2O、Na_2O、Al_2O_3、U、Tl、Th区
Ⅴ区	仁化县董塘镇至武江区犁市县红层-碳酸盐岩富Cd、Hg、Pb、Zn、Sb、S区
Ⅵ区	南雄盆地红层富Co、Sr、Zr、SiO_2、MgO、Na_2O
Ⅶ区	韶关市-乳源县人类强烈影响富Hg、Cd、As、Sb、Pb、Zn、Cu区
Ⅷ区	大东山-贵东岩体富K_2O、Na_2O、Al_2O_3、Se、W、Sn、Tl、U、Th区
Ⅸ区	大布镇至翁源县碳酸盐岩、碎屑岩富Pb、Zn、Sb、Hg、Cu、W、Sn区
Ⅹ区	新丰县佛冈岩体富K_2O、Na_2O、Al_2O_3、U、Th、Tl区

1. 各分区表层土壤元素情况对比

为了更好地了解各分区的元素分布情况,对分区元素含量、标准差进行统计,对照韶关市的土壤背景值,此次计算了表层土壤元素富集系数和变化系数。各分区表层土壤中环境元素含量平均值与背景值比值可以衡量元素相对全区的富集程度。各分区表层土壤中环境元素含量平均值与标准差比值为变化系数,它可以衡量某一地质体内元素含量变化程度,即空间变异性,变化强一般认为利于成矿,存在特低值或特高值,变化弱表明地质体是相对均一的低值或高值区,即大部分含量接近背景值。其中,环境元素As、Cd、Hg、Pb情况如图3-11和图3-12所示。

结果表明,新丰县佛冈岩体、九峰-诸广山复式花岗岩体、南雄盆地等分区各环境元素富集程度相对较低,而以灰岩、变质岩为成土母质的区域环境元素含量明显富集,人类影响显著的韶关市区各元素也明显富集(富集系数大于1.5)。例如As、Cd具有显著分区性,乐昌市坪石镇一带、乳源县大桥镇至乐昌市黄圃镇、乳源县附城镇至乐昌市大源镇、韶关市—乳源县、大布县至翁源县等地区强富集(富集系数大于2);

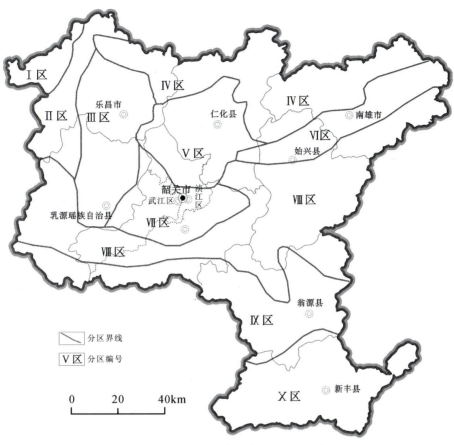

图 3-10 韶关市土壤地球化学分区示意图

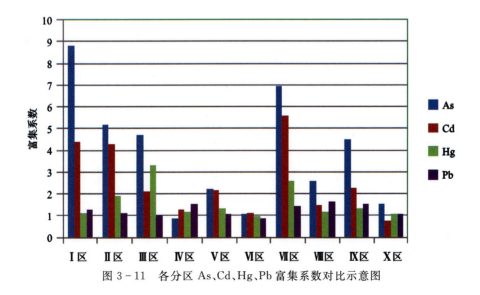

图 3-11 各分区 As、Cd、Hg、Pb 富集系数对比示意图

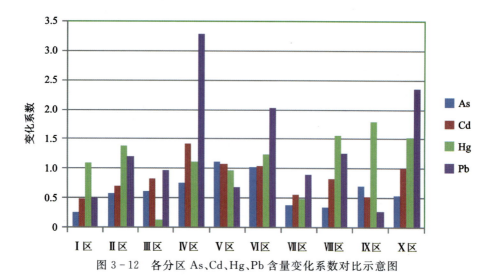

图 3-12 各分区 As、Cd、Hg、Pb 含量变化系数对比示意图

Hg 以乳源县附城镇至乐昌市大源镇、韶关市区—乳源县最为富集；其他环境元素（Cr、Cu、F、Ni、Pb、Zn）富集程度相对较低。

各分区均有含量强变化元素（变化系数大于 2.0），各分区 As、Cd、Hg 含量未见强变化，Cr、Cu、F、Ni、Pb、Zn 存在显著变化区域。这种元素差异呈现了 As、Cd、Hg 高背景或面状扩散及本区域 Cu、Pb、Zn 局部成矿的特征。

2. 各分区情况概述

(1) 乐昌市坪石镇红层富 Cd、Sr、SiO₂、MgO、CaO、W 区（Ⅰ区）：该区成土母质以白垩系长坝组红色砂岩为主，内有丹霞组砂砾岩，与底部石炭系灰岩不整合接触。南部三溪圩分布淋滤型锰矿、褐铁矿等。表层土壤富含 SiO₂、MgO、CaO、Na₂O、Sr、W、Ag、As、Cd、F、N、S、Sb、Sn、TC 等，P、K₂O 等含量低。上游工矿业（钨锡矿）主导环境元素分布，沿河分布 As、Cd、F 高值区。

(2) 乳源县大桥镇至乐昌市黄圃镇碳酸盐岩富 Cd、Hg、Sb、Zn、MgO、CaO、F 区（Ⅱ区）：该区为近北东向展布的泥盆系—石炭系碳酸盐岩区，以喀斯特地貌为主，岩性以灰岩、白云岩为主夹少量砂岩，南部接靠大东山岩体，重力显示在大桥镇一带有隐伏岩体存在，东部靠近重要的矿源层寒武系变质岩系。区内有热液型乐昌深塘、乐家湾、下陂锑矿，乐昌禾上田钨锡多金属矿，乐昌南岭、罗家渡煤矿及大量淋滤型、海相沉积型、沉积改造型铁矿，曾有采矿活动。表层土壤富含 Au、B、Cd、Co、Cr、Cu、F、Hg、Mn、Mo、N、Ni、P、Sb、Sc、Sr、Ti、V、Zn、MgO、CaO、TC、Fe₂O₃ 等，Na₂O、K₂O、U、Th 等含量低。环境元素分布受地质高背景主导，叠加人类矿业活动。沿岩性面状分布 Cd、F、Hg、Cr、Ni、Zn 高值区，矿点附近高值增强。

(3) 乳源县附城镇至乐昌市大源镇变质岩富 As、Se、Sb、Hg、Au、F 区（Ⅲ区）：该区为瑶山复背斜的枢纽部位，地质作用强烈，近南北向展布震旦系、寒武系以硅质岩、板岩为主的变质岩系，是粤北重要的多金属矿矿源层位，乐昌盆地出露泥盆系—石炭系砂岩、灰岩。区内有 50 余处大小矿点，多分布于乐昌市以北地区，靠近九峰山岩体处有西坑等多处小型钨矿，乐昌盆地有杨柳塘中型凡口式铅锌矿，南侧有乳源上头榜残积型钨铍矿及几处铁矿，本区采矿活动强烈。表层土壤富含 Au、Ag、As、B、Ba、Br、Cl、Co、Cr、Cu、Hg、I、MgO、Mn、Mo、N、Ni、S、Sb、Sc、Se、V、SiO₂、Fe₂O₃、W 等，Al₂O₃、CaO、Na₂O、K₂O、Be、Bi、Ce、F、Ga、Ge、Nb、Pb、Zn、Sn、Rb、Sr、Zr、La、Y、Tl、U、Th 等含量低。环境元素分布受矿业活动主导，叠加上游输送矿物质作用。矿点区出现 As、Hg、F、Pb、Zn、Cu、Ni 特高值区，沿武江分布环境元素高值带。

(4)九峰-诸广山复式花岗岩体富 K_2O、Na_2O、Al_2O_3、U、Tl、Th 区(Ⅳ区):该区大面积出露花岗岩基,见多期岩浆活动,上覆寒武系被严重剥蚀,寒武系仅在南雄盆地北缘残留。诸广山岩体在韶关界内角度陡,岩浆成矿作用较差,矿点较少,主要集中在九峰一带。九峰镇多为萤石矿、钨矿、铜矿,仁化县有长江圩茶头山、杨梅坑钨矿,南雄市有横水砂金矿、古岭铁矿等,另有稀土矿点,均有采矿活动。表层土壤富含 K_2O、Na_2O、Al_2O_3、Be、Bi、Br、Cl、Ga、Ge、Li、Pb、Sn、U、Tl、Th、Nb、Rb、Corg 等,As、B、Ba、Cd、Co、Cr、Cu、Hg、Mn、Ni、Sb、Sc、Sr、Ti、V、Zr、SiO_2、Fe_2O_3、MgO、CaO、Au 等含量低。环境元素分布以地质背景为主导,环境元素高值较少,矿业活动导致出现 F 特高值区。

(5)仁化县董塘镇至武江区犁市县红层-碳酸盐岩富 Cd、Hg、Pb、Zn、Sb、S 区(Ⅴ区):该区地质情况发展,北部为花岗岩及寒武变质岩系,西部和南部为红层丹霞地貌,中部为泥盆系—石炭系、二叠系—三叠系,岩性以变质砂岩、紫红色复成分砾岩、含砾砂岩、灰岩为主。区内矿点较多,主要集中在泥盆系—石炭系内,煤矿(烟煤)不稳定产出于二叠系—三叠系。最大的矿床是董塘镇至石塘镇一带的凡口铅锌矿,花坪镇至犁市县一带产出云顶寨、茶山、花坪等含硫煤矿,犁市县北部见东周勒大旗岭、空头岭铁矿且犁市县南部见石背、黄岗山中低温热液充填型辉锑矿床及市郊乌石岭、黄岗山、白虎坳铁矿点,矿业活动强烈。表层土壤富含 Ag、Ba、Br、Cd、Co、Cu、Hg、Ni、S、Sb、Sc、Zn、SiO_2、Fe_2O_3、MgO 等,Al_2O_3、Na_2O、K_2O、Be、Bi、Ce、Cl、Cr、F、Ga、Ge、I、La、Li、Mn、Mo、N、Nb、Se、Sn、Sr、Th、Tl、U、W、Y、Corg、TC 等含量低。丹霞山区域富含 SiO_2、MgO、Ge、Sb,其他元素/指标含量偏低。环境元素分布以地质高背景为主导,人类矿业、工业活动叠加影响。环境元素在碳酸盐岩地层土壤中含量明显高于红层土壤,且沿凡口铅锌矿、花坪煤矿及韶关市区北部矿点分布 Cd、Cr、Hg、Pb、Zn、Sb、S 多元素高值带。

(6)南雄盆地红层富 Co、Sr、Zr、SiO_2、MgO、Na_2O(Ⅵ区):该区地层以白垩系南雄群、浈水组为主,岩性为紫红色复成分砾岩、含砾砂岩,土壤为碱性紫色土,第四系沿河少量覆盖,物质受两侧岩体汇水影响。区内矿点少,主要为小型的南雄黎口铜矿、倚逢铜矿。表层土壤富含 Ag、B、Co、Sr、Zr、SiO_2、MgO、Na_2O等,Bi、Br、Ce、Cl、Cr、Ga、Ge、Hg、I、La、Mn、Mo、N、Pb、S、Se、Tl、U、Y、Zn、Al_2O_3、K_2O、Corg、TC 等含量低。环境元素分布以地质背景为主导,环境元素普遍不高,仅沿河区域出现 Cu、Hg、F 相对高值点。

(7)韶关市-乳源县人类强烈影响富 Hg、Cd、As、Sb、Pb、Zn、Cu 区(Ⅶ区):该区地层以泥盆系—石炭系为主,岩性以灰岩、砂岩、砾岩为主,土壤类型为红色石灰土、红壤和潴育型水稻土,岩石和土壤中整体钙质较高。该区域出露大量锑、钨、汞、砷、铁矿点,主要集中在一六镇、西联镇一带,以热液交代型为主,如西岸汞矿、一六钨多金属矿、赤佬顶锑矿、乳源桥岗锑矿、湖塘围锑矿、沐溪梯子岭锑矿、西联沐溪九马坑锑砷矿、沐溪观音座莲锑矿、宝岭锑矿。另外,韶关市有芙蓉山煤矿,南部有龙归安村煤矿、车角岭煤矿,北部重阳一带有多处铁矿点,东南部有曲江大旺山铁矿、曲江岭窝里铁矿(马坝火车站133°方向1.5km)、小坑水口下游的大塘煤炭矿区、大笋钨矿等。该区人类工矿业改造活动影响强烈,表层土壤富含 Ag、As、Au、B、Bi、Cd、Co、Cr、Cu、F、Ge、Hg、Mn、P、Pb、S、Sb、Sc、Sr、Ti、V、Zn、Zr、Fe_2O_3、CaO 等,Ba、Ce、Ga、La、Rb、Tl、Al_2O_3、K_2O 等含量低。环境元素分布以地质高背景下的矿业活动为主导,叠加工业活动,上游输送导致了本区域环境元素普遍高值。形态上存在一六镇以南的面状和韶关市区南向沿河的带状多 Cd、Hg、F、Cu、Zn、Pb、Cr、As 等元素高值带。

(8)大东山-贵东岩体富 K_2O、Na_2O、Al_2O_3、Se、W、Sn、Tl、U、Th 区(Ⅷ区):该区由花岗岩(体)组成,以北江为界分为两翼,整体呈北东-南西向。西部为乳源县洛阳镇至江湾镇多钨矿,乳源寨共钨矿、兰屋钨矿、东坪钨矿等15个小型钨矿,东部沙溪镇至罗坝镇多为中大型钨矿、铜矿、铁矿、铅锌矿,如大宝山多金属矿、石人嶂钨矿、瑶岭钨矿、新凉亭银铅锌多金属矿、寨背坑铅多金属矿、黄竹坪钨矿、红岭钨矿等60余处大小矿山。采矿活动影响强烈。表层土壤富含 K_2O、Na_2O、Al_2O_3、Be、Bi、Br、Ce、Cl、Ga、

Ge、I、La、Mo、Nb、Rb、Pb、S、Sn、W、Y、U、Tl、Th、Corg 等，B、Cd、Cu、Hg、Ni、Sb、Sc、V、SiO_2、Fe_2O_3、MgO 等含量低。环境元素分布以人类矿业活动为主导，低背景下的花岗岩体内金属矿点附近存在相对高值区，表明矿业活动使环境元素活化迁移，出现 Cu、Cd、Cr、Hg、Pb、Zn、Ni 等高值区。

(9) 大布镇至翁源县碳酸盐岩、碎屑岩富 Pb、Zn、Sb、Hg、Cu、W、Sn 区（Ⅸ区）：该区成土母质以泥盆系—石炭系灰岩、砂岩为主。由于该区靠近岩体，成矿作用明显。西部大布镇高值区分布了谢家山锡矿、黄家山锡矿、古母水铁矿、狗子脑铅锌矿等，罗坑水库附近有曲江黄竹洞钼矿、曲江桥头钨锡矿等；沙溪镇大宝山以南的铁龙镇、新江镇一带分布了翁源县水浸洞铅锌矿、翁源县凉桥磁铁矿、翁源县翁城镇凉桥铅锌矿、翁源县凉桥多金属矿等；东部乳源盆地外缘分布了翁源县回龙圩铸银坪铅锌矿、翁源羊牯庄铁矿、翁源县新江银锰多金属矿等。表层土壤富含 Ag、As、Au、B、Bi、Br、Cd、Cl、Co、Cr、Cu、F、Ga、Ge、Hg、I、Mn、Mo、N、Ni、P、Pb、S、Sb、Sc、Se、Sn、Sr、Ti、V、W、Zn、Fe_2O_3、MgO、CaO、Corg、TC 等，La、SiO_2、K_2O 等含量低。环境元素分布区域以矿业活动为主导，局部以地质高背景为主导，矿点附近出现 Cd、Cr、As、Pb、Zn、Hg、Cu 等高值区，在帽子峰组地层区出现 As 高值区。

(10) 新丰县佛冈岩体富 K_2O、Na_2O、Al_2O_3、U、Th、Tl 区（Ⅹ区）：新丰县佛冈岩体是青云山山地的一部分，由花岗岩组成，呈北东-南西向，东部上覆寒武系变质砂岩和泥盆系砂岩，夹少量灰岩、砾岩、花岗岩。花岗岩体外围分布众多矿点，且集中在北西侧，主要有翁源县陈村铁矿、秋岗铁矿、石子引铁矿、牧牛坪锌矿、狗子脑钼矿，附城铁矿、新丰县梅坑秀长江铜钼矿、岳城钨矿等。表层土壤富含 K_2O、Na_2O、Al_2O_3、Ba、Be、Bi、Ce、Cl、Ga、Ge、I、La、Mo、Nb、Rb、Zr、Y、U、Tl、Th 等，Ag、As、B、Br、Cd、Co、Cr、F、Hg、Li、N、Ni、Sb、Se、Ti、SiO_2、MgO、CaO 等含量低。局部地质高背景下的矿业活动主导环境元素的高值分布，整体环境元素不高，矿点附近出现 Ni、Hg、Cr 相对高值点。

第四章 土壤元素地球化学基准值

第一节 基准值的求取

一、基准值的定义

中国地质调查局《多目标区域地球化学调查规范(1∶250 000)》对土壤地球化学基准值定义如下：土壤地球化学基准值是指未受人为污染的，反映土壤原始沉积环境的地球化学元素含量，并规定统一采用区域地球化学调查中的深层土壤样品作为土壤地球化学基准值统计的样品。本次工作获得了大量的深层土壤数据，样品具有足够的代表性；采样深度基本避开了受人为影响的层位；样品分析方法技术先进，分析质量监控方案完善，能够取得最接近土壤真值的含量数据，在上述条件下进行数据检验和统计即可得到土壤地球化学基准值。

二、基准值的求取

首先对深层土壤测试数据频率分布形态进行正态检验。当统计数据服从正态分布时，用算术平均值($\overline{X}$)代表地球化学基准值，算术平均值加减2倍算术标准差($\overline{X}\pm 2S$)代表地球化学基准值变化范围。统计数据服从对数正态分布时，用几何平均值(X_g)代表地球化学基准值，几何平均值乘除几何标准差的平方($X_g/S_g^2 \sim X_g S_g^2$)代表地球化学基准值变化范围。

当统计数据不服从正态分布或对数正态分布时，按照"算术平均值加减3倍算术标准差"($\overline{X}\pm 3S$)进行剔除，经反复剔除后服从正态分布或对数正态分布时，用算术平均值或几何平均值代表土壤地球化学基准值，"算术平均值加减2倍算术标准差"或"几何平均值乘除几何标准差的平方"代表地球化学基准值变化范围。统计数据经反复剔除后仍不服从正态分布或对数正态分布，而呈现偏态分布时，用几何平均值乘除几何标准差的平方($M/D^2 \sim M \cdot D^2$)近似表示本区偏态分布元素浓度的基准值范围。

三、深层土壤元素富集与贫化的界定标准

土壤元素的富集与贫化是一个相对的概念，利用所评价的土壤元素含量与评价标准的比值(K)来体现，以$K \leqslant 0.6$、$0.6 < K \leqslant 0.8$、$0.8 < K < 1.2$、$1.2 \leqslant K < 1.4$、$K \geqslant 1.4$为标准，将区域土壤元素相对一

定评价标准的贫化富集程度划分为强度贫化、中弱贫化、相当、中弱富集和强度富集。元素的富集或贫化程度与评价标准密切相关,分别以地壳元素含量、全国土壤C层元素含量、广东省土壤C层元素含量为评价标准(迟清华和鄢明才,2007),分析区域土壤相对地壳、全国土壤广东省土壤的富集与贫化特点。同时,以全区土壤地球化学基准值为评价标准,分析不同统计单元(不同地质背景、不同成土母质)土壤元素地球化学基准值相对于区域土壤的富集或贫化特点。

第二节 区域土壤元素地球化学基准值

一、基准值概率分布特征

原始数据统计结果显示,全区深层土壤数据明显包含多重母体,且成矿元素多为强度变异,指示区域矿化较强。区域仅内有 SiO_2、pH 的变异系数小于 0.2,属于轻度变异,分布均匀;其余少部分指标 Ce、Cl、Ga、Ge、Nb、Sc、Ti、Zr、Al_2O_3、Fe_2O_3、K_2O 的变异系数介于 0.2~0.5 之间,属于中等程度变异,分布较均匀;其他大部分指标变异系数较高,分布极不均匀,如 Ag、As、Be、Bi、Cd、Co、Cu、Hg、Mn、Mo、Pb、Sb、Sn、Sr、W、Zn、CaO、Au 的变异系数均高于 1,尤其是 Ag、As、Bi、Cd、Cu、Mn、Pb、Sb、CaO、Au 的变异系数分别高达 2.03、2.13、3.87、2.34、2.66、2.95、3.13、4.81、3.57、3.79,而其余指标的变异系数介于 0.5~1 之间,为强度变异,分布较不均匀。按照"算术平均值±3 倍算术标准差"对离散数据进行迭代剔除后,各指标的变异系数明显降低,60% 的指标变异系数介于 0.1~0.5 之间,仅少量指标变异系数介于 0.5~0.8 之间。韶关地区土壤地球化学基准值统计结果列于表 4-1。

表 4-1 韶关市土壤地球化学基准值($n=1023$)

元素/指标	单位	算数平均值	算数标准差	变异系数	几何平均值	几何标准差	基准值范围	浓度概率分布类型
Ag	μg/g	0.058	0.029	0.50	0.051	1.668	0.018~0.142	偏态
Al_2O_3	%	19.56	5.78	0.30	18.67	1.37	9.97~34.96	偏态
As	μg/g	11.91	10.34	0.87	7.92	2.61	1.16~54.13	偏态
Au	ng/g	1.20	0.72	0.60	0.99	1.94	0.26~3.73	偏态
B	μg/g	64.43	43.37	0.67	48.48	2.29	9.26~253.79	偏态
Ba	μg/g	323.80	143.80	0.44	289.70	1.65	106.40~788.50	偏态
Be	μg/g	3.76	2.27	0.60	3.13	1.85	0.91~10.73	对数正态
Bi	μg/g	1.31	1.09	0.83	0.94	2.28	0.18~4.90	对数正态
Br	μg/g	2.47	1.48	0.60	2.01	2.00	0.50~8.08	偏态
CaO	%	0.16	0.10	0.61	0.12	2.18	0.03~0.59	偏态
Cd	μg/g	0.08	0.04	0.54	0.07	1.72	0.02~0.21	对数正态
Ce	μg/g	90.40	36.20	0.40	83.70	1.48	38.00~184.20	对数正态
Cl	μg/g	40.60	10.50	0.26	39.30	1.29	23.70~65.20	对数正态
Co	μg/g	8.37	5.08	0.61	6.91	1.90	1.91~25.05	偏态

续表 4-1

元素/指标	单位	算数平均值	算数标准差	变异系数	几何平均值	几何标准差	基准值范围	浓度概率分布类型
Corg	%	0.26	0.15	0.55	0.22	1.82	0.07~0.74	偏态
Cr	μg/g	53.00	33.10	0.62	41.60	2.13	9.20~188.70	偏态
Cu	μg/g	18.40	10.17	0.55	15.37	1.91	4.22~56.03	偏态
F	μg/g	550.00	165.00	0.30	526.00	1.36	285.00~969.00	偏态
TFe_2O_3	%	4.53	1.91	0.42	4.10	1.60	1.60~10.46	偏态
Ga	μg/g	23.81	7.66	0.32	22.46	1.43	8.49~39.12	正态
Ge	μg/g	1.82	0.30	0.16	1.80	1.18	1.30~2.50	对数正态
Hg	μg/g	0.081	0.046	0.57	0.067	1.915	0.018~0.246	偏态
I	μg/g	4.82	3.52	0.73	3.48	2.43	0.59~20.47	偏态
K_2O	%	3.02	1.35	0.45	2.72	1.62	1.04~7.09	偏态
La	μg/g	38.00	15.80	0.42	34.80	1.53	14.90~81.30	偏态
Li	μg/g	58.50	29.00	0.50	51.70	1.66	18.70~142.70	偏态
MgO	%	0.51	0.22	0.43	0.46	1.56	0.19~1.13	偏态
Mn	μg/g	396.60	246.20	0.62	322.70	1.96	83.80~1 242.20	偏态
Mo	μg/g	1.33	0.76	0.57	1.12	1.81	0.34~3.67	对数正态
N	μg/g	399.00	209.00	0.52	347.00	1.72	117.00~1 029.00	偏态
Na_2O	%	0.19	0.11	0.59	0.16	1.78	0.05~0.51	对数正态
Nb	μg/g	24.10	8.10	0.34	22.80	1.40	11.63~44.69	对数正态
Ni	μg/g	19.57	10.90	0.56	16.62	1.81	5.07~54.53	偏态
P	μg/g	304.50	139.00	0.46	272.20	1.64	101.40~730.30	偏态
Pb	μg/g	47.90	24.50	0.51	41.70	1.72	14.14~123.09	偏态
pH		6.03	0.98	0.16	5.95	1.17	4.32~8.19	偏态
Rb	μg/g	221.60	135.30	0.61	178.60	1.84	52.50~607.60	偏态
S	μg/g	112.70	46.90	0.42	104.00	1.49	46.90~230.50	对数正态
Sb	μg/g	1.02	0.87	0.85	0.72	2.34	0.13~3.92	对数正态
Sc	μg/g	10.53	3.80	0.36	9.85	1.45	4.66~20.82	偏态
Se	μg/g	0.30	0.18	0.62	0.25	1.93	0.07~0.92	偏态
SiO_2	%	63.77	7.70	0.12	63.31	1.13	49.62~80.76	偏态
Sn	μg/g	9.70	7.41	0.76	7.35	2.11	1.66~32.57	偏态
Sr	μg/g	36.86	18.99	0.52	32.20	1.71	11.05~93.79	偏态
TC	%	0.32	0.17	0.52	0.28	1.72	0.10~0.83	偏态
Th	μg/g	27.98	17.23	0.62	23.56	1.79	7.39~75.13	偏态
Ti	μg/g	4 060.00	1 491.00	0.37	3 743.00	1.54	1 077.00~7 042.00	正态
Tl	μg/g	1.52	0.80	0.53	1.32	1.71	0.45~3.85	对数正态

续表 4-1

元素/指标	单位	算数平均值	算数标准差	变异系数	几何平均值	几何标准差	基准值范围	浓度概率分布类型
U	μg/g	8.20	5.70	0.70	6.46	2.01	1.60~26.03	对数正态
V	μg/g	79.21	38.73	0.49	68.54	1.79	21.50~218.52	偏态
W	μg/g	5.58	3.21	0.57	4.77	1.76	1.54~14.74	对数正态
Y	μg/g	28.34	8.98	0.32	26.96	1.38	14.24~51.03	对数正态
Zn	μg/g	69.45	22.74	0.33	65.61	1.42	32.71~131.58	偏态
Zr	μg/g	261.40	67.90	0.26	252.20	1.32	145.40~437.40	偏态

二、全区深层土壤 pH

土壤的酸碱性是指土壤溶液中游离的 H^+、OH^- 浓度比例不同而表现出来的酸碱性质，它制约着土壤中的成分和化学反应。通常将土壤酸度分为 5 级，即强酸性（pH<5.0）、酸性（5.0≤pH<6.5）、中性（6.5≤pH<7.5）、碱性（7.5≤pH<8.5）和强碱性（pH≥8.5）。对全区深层土壤 pH 原始数据统计结果显示，调查区内深层土壤 70% 以上地区为酸性土壤，其中有近 18% 地区为强酸性，按照"算术平均值±3 倍算术标准差"对离散数据进行迭代剔除后，pH 几何平均值为 5.95，变化范围在 4.32~8.19 之间。

三、全区土壤地球化学基准值含量特征

一般认为，一个区域地球化学基准值是这个地区土壤分布的基本地球化学特点，它受一个地区综合环境的影响。为分析韶关市土壤地球化学基准值的区域特点，分别将地球化学基准值与地壳元素丰度、全国深层土壤背景值、广东省 C 层土壤含量等进行对比。

根据土壤地球化学基准值与地壳丰度（黎彤和倪守斌，1990）比值（K），韶关市有 22 种元素/指标相对富集，21 种元素/指标相对贫化，其他 10 种元素/指标含量与地壳丰度接近（表 4-2）。该组合反映出区内土壤的中酸性地球化学特征，即强度富集与酸性岩浆岩、砂页岩及成矿有关的元素，中弱贫化与碳酸盐岩有关的元素，强度贫化与偏基性岩有关的元素。富集 5 倍以上的元素依次为 Bi、N、I、B，其中 Bi、N 的土壤地球化学基准值与地壳丰度比值（K）分别高达 207.8 和 19.3，富集 2~5 倍的元素有 As、Be、Cd、Li、Pb、Rb、Se、Sn、Th、Tl、U、W 等，富集 1.2~2 倍的元素/指标有 Ce、Ga、Ge、K_2O、Nb、Zr 等；贫化的元素（K=0.5~0.8）为 Ag、Ba、Sc、Ti 等，其余为十分贫化的元素/指标（K<0.5）。

与全国土壤 C 层元素含量（仅 13 项指标）对比，Pb、Hg 相对富集，Pb、Hg 地球化学基准值与全国土壤 C 层含量比值（K）分别为 1.5、1.7，Cd、F、SiO_2、V、Zn 含量与全国土壤 C 层这几项指标的平均值接近（K 在 0.8~1.2 之间），As、Mn、Co、Ni、Cu、Cr 相对贫化，比值在 0.5~0.8 之间。

与广东省土壤 C 层含量对比，Pb、Hg、Zn 相对富集，与广东省土壤 C 层 Pb、Hg、Zn 比值（K）分别为 1.5、1.5 和 1.2，F、Mn、Ni、Pb、V 含量与广东省土壤 C 层平均值接近（比值在 0.8~1.2 之间），As、Co、Cr、Cu、Se 相对贫化，比值均在 0.7~0.8 之间。

表 4-2 韶关市深层土壤指标富集与贫化组合

元素/指标	富集(22)$K \geqslant 1.2$	相当(10)$0.8 < K < 1.2$	贫化(21)$K \leqslant 0.8$
造岩元素	K_2O	Al_2O_3、SiO_2	CaO、MgO、Na_2O
铁族元素			Fe_2O_3、Co、Cr、Mn、Ni、Ti、V
稀有稀土元素	Be、Ce、Li、Nb、Rb、Zr	La、Y	Sc
放射性元素	Th、U		
钨钼族	W、Sn、Bi	Mo	
亲铜成矿元素	As、Pb	Hg、Zn、Sb	Ag、Au、Cu
分散元素	Se、Tl、Ga、Ge、Cd		Ba、Sr
矿化剂及卤族元素	N、I、B	F	Br、Cl、P、S
碳赋存		TC	Corg

注：K 为地球化学基准值与地壳丰度比值。

第三节 主要成土母质元素地球化学基准值

按不同成因类型，韶关市成土母质单元可划分为四大类，即第四纪沉积物成土母质、沉积岩类成土母质、火成岩类成土母质、变质岩类成土母质，再按不同地质背景，将沉积岩类成土母质与火成岩类成土母质进一步划分。

按上述划分原则，分别统计各单元土壤元素的地球化学基准值，并将统计单元土壤地球化学基准值与全区地球化学基准值进行比较，讨论单元土壤元素/指标地球化学基准值及富集贫化特点。

一、第四纪沉积物成土母质元素地球化学基准值

第四纪沉积物是岩石风化物经流水、潮流、波浪等动力搬运，在一定部位沉积下来的松散沉积物，具有分布广、物质来源较复杂等特点。

韶关市第四纪主要由冲积、洪积等地质作用形成且为多级阶地，由全新世—更新世的河流冲积相、河流洪冲积相、洪积相等组成，沉积物质主要为砂质黏土、中细砂、砂质砾石等。韶关市第四纪沉积物成土母质元素/指标地球化学基准值统计结果列于表 4-3。

表 4-3 第四纪沉积物成土母质元素/指标地球化学基准值($n=220$)

元素/指标	单位	算数平均值	算数标准差	变异系数	几何平均值	几何标准差	基准值范围	浓度概率分布类型
Ag	μg/g	0.065	0.033	0.50	0.058	1.626	0.022~0.152	对数正态
Al_2O_3	%	16.95	4.50	0.27	16.31	1.33	7.94~25.95	正态
As	μg/g	19.73	12.87	0.65	14.88	2.35	2.69~82.23	偏态
Au	ng/g	1.47	0.70	0.48	1.30	1.69	0.46~3.72	偏态
B	μg/g	83.95	34.61	0.41	75.66	1.65	27.77~206.18	偏态

续表 4-3

元素/指标	单位	算数平均值	算数标准差	变异系数	几何平均值	几何标准差	基准值范围	浓度概率分布类型
Ba	μg/g	334.38	128.01	0.38	307.99	1.53	131.50～721.50	偏态
Be	μg/g	3.18	1.85	0.58	2.70	1.77	0.86～8.46	对数正态
Bi	μg/g	1.18	1.00	0.85	0.83	2.31	0.16～4.43	对数正态
Br	μg/g	2.10	1.25	0.59	1.74	1.92	0.47～6.43	偏态
CaO	%	0.21	0.09	0.43	0.19	1.67	0.07～0.52	偏态
Cd	μg/g	0.091	0.055	0.60	0.077	1.835	0.023～0.258	对数正态
Ce	μg/g	79.31	24.70	0.31	75.52	1.37	40.02～142.51	对数正态
Cl	μg/g	37.90	8.16	0.22	37.03	1.24	24.01～57.13	对数正态
Co	μg/g	9.29	4.91	0.53	8.13	1.69	2.85～23.18	对数正态
Corg	%	0.20	0.10	0.51	0.17	1.81	0.05～0.56	偏态
Cr	μg/g	65.11	29.26	0.45	57.66	1.70	19.88～167.27	偏态
Cu	μg/g	21.05	7.94	0.38	19.43	1.52	5.17～36.92	正态
F	μg/g	571.42	182.83	0.32	542.81	1.38	283.00～1 041.00	对数正态
TFe$_2$O$_3$	%	4.69	1.79	0.38	4.32	1.53	1.11～8.27	正态
Ga	μg/g	20.21	6.22	0.31	19.15	1.41	7.77～32.65	正态
Ge	μg/g	1.78	0.25	0.14	1.76	1.15	1.29～2.28	正态
Hg	μg/g	0.072	0.040	0.55	0.061	1.840	0.018～0.207	偏态
I	μg/g	3.73	2.79	0.75	2.70	2.37	0.48～15.20	偏态
K$_2$O	%	2.55	1.08	0.42	2.31	1.60	0.91～5.90	偏态
La	μg/g	38.59	12.44	0.32	36.56	1.40	18.71～71.46	对数正态
Li	μg/g	53.95	22.42	0.42	49.36	1.54	20.84～116.91	对数正态
MgO	%	0.56	0.20	0.35	0.53	1.44	0.26～1.09	偏态
Mn	μg/g	371.00	252.00	0.68	292.00	2.05	69.00～1 234.00	对数正态
Mo	μg/g	1.33	0.72	0.54	1.15	1.76	0.37～3.54	对数正态
N	μg/g	356.00	150.00	0.42	323.00	1.59	128.00～812.00	偏态
Na$_2$O	%	0.16	0.08	0.49	0.14	1.63	0.05～0.38	对数正态
Nb	μg/g	21.16	5.47	0.26	20.44	1.31	11.96～34.95	偏态
Ni	μg/g	24.17	10.20	0.42	22.02	1.56	9.00～53.87	偏态
P	μg/g	306.00	118.00	0.39	283.00	1.50	126.00～634.00	偏态
Pb	μg/g	38.33	16.30	0.43	34.96	1.55	14.59～83.77	对数正态
pH		6.60	0.88	0.13	6.54	1.15	4.94～8.65	偏态
Rb	μg/g	162.40	87.10	0.54	139.60	1.78	44.10～441.30	偏态
S	μg/g	89.10	23.20	0.26	86.10	1.30	50.90～145.60	对数正态

续表 4-3

元素/指标	单位	算数平均值	算数标准差	变异系数	几何平均值	几何标准差	基准值范围	浓度概率分布类型
Sb	μg/g	1.98	1.41	0.71	1.48	2.28	0.29~7.67	偏态
Sc	μg/g	10.90	3.52	0.32	9.60	1.36	5.17~17.82	偏态
Se	μg/g	0.24	0.13	0.57	0.20	1.81	0.06~0.66	偏态
SiO_2	%	66.20	7.80	0.12	65.70	1.13	50.60~81.70	正态
Sn	μg/g	7.08	4.76	0.67	5.78	1.88	1.64~20.39	偏态
Sr	μg/g	36.24	13.92	0.38	33.60	1.49	15.17~74.44	对数正态
TC	%	0.26	0.11	0.41	0.24	1.55	0.10~0.57	偏态
Th	μg/g	18.30	6.21	0.34	17.26	1.42	8.62~34.57	对数正态
Ti	μg/g	4 410.00	1 292.00	0.29	4 201.00	1.39	1 826.00~6 994.00	正态
Tl	μg/g	1.13	0.51	0.45	1.02	1.58	0.41~2.53	对数正态
U	μg/g	5.71	3.19	0.56	4.99	1.67	1.80~13.84	偏态
V	μg/g	88.60	34.10	0.38	81.40	1.54	20.40~156.70	正态
W	μg/g	6.10	3.47	0.57	5.20	1.78	1.65~16.42	对数正态
Y	μg/g	29.39	8.15	0.28	28.24	1.34	15.82~50.39	偏态
Zn	μg/g	68.40	23.90	0.35	64.20	1.44	31.10~132.76	对数正态
Zr	μg/g	283.00	57.00	0.20	277.00	1.23	183.00~420.00	偏态

第四纪沉积物成土母质深层土壤中有 9 项元素/指标呈现出不同程度的富集，2 项元素/指标呈现出贫化（表 4-4）。其中达强度富集的仅有 As、B、Sb 三种，相对富集的有 CaO、Cr、Ni、V、Au、Cu 六种元素；贫化的主要为放射性元素；其余大部分与全区基准值相当。

表 4-4　第四纪沉积物成土母质深层土壤元素/指标富集与贫化组合

元素/指标	富集(9) $K \geqslant 1.2$	相当(42) $0.8 < K < 1.2$	贫化(2) $K \leqslant 0.8$
造岩元素	CaO	Al_2O_3、K_2O、SiO_2、MgO、Na_2O	
铁族元素	Cr、Ni、V	Fe_2O_3、Co、Mn、Ti	
稀有稀土元素		Be、Ce、Li、Nb、Rb、Sc、Zr、La、Y	
放射性元素			Th、U
钨钼族		W、Sn、Bi、Mo	
亲铜成矿元素	As、Au、Cu、Sb	Ag、Hg、Zn、Pb	
分散元素		Se、Tl、Ga、Ge、Cd、Ba、Sr	
矿化剂及卤族元素	B	N、I、F、Br、Cl、P、S	
碳赋存		TC、Corg	

注：K 为第四纪沉积物成土母质基准值与全区基准值的比值。

第四纪沉积物成土母质深层土壤绝大部分元素/指标基准值与全区基准值比(K)在 0.8~1.5 之间，As、B、Sb 比值分别达到 1.9、1.6、2.1。在区域分布上，As 富集主要分布于一六镇东北部河流冲积相中,最高值达到 918μg/g,是全区地球化学基准值的 116 倍。B、Sb 富集主要分布于一六镇—乳源县一带的河流洪冲积相中,B、Sb 最高值分别达 348μg/g、54.2μg/g,分别是全区地球化学基准值的 7 倍、75 倍。这反映出第四纪沉积物中成矿元素迁移而局部富集的土壤地球化学特征,即与一六镇一带的成矿地质背景及其他矿产人为开采等因素密切相关。

与 7 个成土母质单元基准值对比,第四纪沉积物成土母质深层土壤中 pH 较高,排名第二位,各族元素/指标的含量基准值多处于中等水平或略高于平均水平;钨钼族元素及放射性元素基准值含量相对较高,综合位于第二位,仅次于花岗岩类;而铁族元素基准值含量相对较低,综合排名第五位,高于花岗岩类及紫红砂页岩类风化物。

二、沉积岩类成土母质元素/指标地球化学基准值

沉积岩类成土母质划分为三大类,即紫红色砂页岩类成土母质、砂页岩类成土母质、碳酸盐岩类成土母质。

1. 紫红色砂页岩类成土母质

紫红色砂页岩类成土母质主要分布于坪石镇、仁化盆地、南雄盆地一带,属炎热干旱性气候条件下形成的山麓冲积扇-内陆盐湖相沉积。岩石多呈现紫红、砖红等颜色,反映出沉积时的氧化环境。原岩多为紫红色复成分砾岩、含砾砂岩、紫红色钙屑钙质粉砂岩、粉砂质泥岩等,其地球化学基准值统计结果列于表 4-5。

表 4-5 紫红色砂页岩类成土母质元素/指标地球化学基准值($n=99$)

元素/指标	单位	算数平均值	算数标准差	变异系数	几何平均值	几何标准差	基准值范围	浓度概率分布类型
Ag	μg/g	0.067	0.028	0.42	0.062	1.534	0.026~0.145	对数正态
Al_2O_3	%	14.27	3.34	0.23	13.87	1.28	7.60~20.95	正态
As	μg/g	6.40	3.61	0.56	5.40	1.84	1.60~18.29	对数正态
Au	ng/g	1.20	0.59	0.49	1.06	1.65	0.39~2.90	对数正态
B	μg/g	65.40	23.40	0.36	60.30	1.59	18.60~112.10	正态
Ba	μg/g	311.00	97.00	0.31	296.00	1.37	159.00~553.00	对数正态
Be	μg/g	3.17	1.70	0.54	2.75	1.71	0.94~8.03	对数正态
Bi	μg/g	0.63	0.31	0.49	0.56	1.64	0.21~1.52	对数正态
Br	μg/g	1.58	0.91	0.58	1.32	1.91	0.36~4.85	偏态
CaO	%	0.21	0.11	0.53	0.17	1.98	0.02~0.43	正态
Cd	μg/g	0.092	0.060	0.65	0.075	1.877	0.021~0.266	对数正态
Ce	μg/g	72.20	25.60	0.36	67.90	1.43	33.40~138.30	对数正态
Cl	μg/g	40.60	8.60	0.21	39.70	1.24	25.80~61.00	对数正态
Co	μg/g	8.66	3.85	0.44	7.41	1.57	0.96~16.36	正态
Corg	%	0.22	0.15	0.69	0.18	1.90	0.05~0.64	对数正态
Cr	μg/g	52.20	17.90	0.34	48.90	1.46	16.40~88.00	正态

续表 4-5

元素/指标	单位	算数平均值	算数标准差	变异系数	几何平均值	几何标准差	基准值范围	浓度概率分布类型
Cu	μg/g	19.02	7.08	0.37	17.64	1.50	7.80~39.91	偏态
F	μg/g	555.00	181.00	0.33	527.00	1.38	275.00~1 011.00	对数正态
TFe_2O_3	%	3.80	1.30	0.34	3.56	1.46	1.20~6.39	正态
Ga	μg/g	16.57	4.99	0.30	15.80	1.38	6.59~26.56	正态
Ge	μg/g	1.81	0.29	0.16	1.79	1.17	1.30~2.45	对数正态
Hg	μg/g	0.051	0.032	0.64	0.042	1.833	0.012~0.141	对数正态
I	μg/g	2.35	1.64	0.70	1.77	2.22	0.36~8.76	对数正态
K_2O	%	2.49	0.94	0.38	2.32	1.49	1.05~5.11	对数正态
La	μg/g	37.70	14.20	0.38	35.20	1.45	16.80~73.70	对数正态
Li	μg/g	60.70	20.40	0.34	57.20	1.43	20.00~101.40	正态
MgO	%	0.78	0.44	0.57	0.67	1.72	0.22~1.99	对数正态
Mn	μg/g	305.00	195.00	0.64	249.00	1.92	68.00~915.00	对数正态
Mo	μg/g	0.74	0.33	0.45	0.67	1.57	0.27~1.65	对数正态
N	μg/g	306.00	119.00	0.39	284.00	1.49	128.00~630.00	对数正态
Na_2O	%	0.22	0.18	0.81	0.15	1.98	0.04~0.61	偏态
Nb	μg/g	17.49	4.61	0.26	16.88	1.31	8.26~26.71	正态
Ni	μg/g	19.05	6.77	0.36	17.80	1.46	8.30~38.19	偏态
P	μg/g	238.00	114.00	0.48	214.00	1.58	86.00~534.00	对数正态
Pb	μg/g	32.30	10.80	0.34	30.70	1.38	16.10~58.30	对数正态
pH		6.53	1.12	0.17	6.43	1.19	4.29~8.76	正态
Rb	μg/g	160.00	67.00	0.42	147.00	1.51	64.00~336.00	对数正态
S	μg/g	85.50	29.40	0.34	81.00	1.40	42.10~155.90	对数正态
Sb	μg/g	1.02	0.65	0.64	0.83	1.94	0.22~3.14	对数正态
Sc	μg/g	8.42	2.46	0.29	8.02	1.39	3.51~13.33	正态
Se	μg/g	0.19	0.10	0.52	0.17	1.72	0.06~0.50	对数正态
SiO_2	%	71.20	6.10	0.09	71.00	1.09	59.00~83.50	正态
Sn	μg/g	5.16	2.84	0.55	4.55	1.62	1.73~11.98	偏态
Sr	μg/g	47.80	19.00	0.40	44.20	1.50	19.80~98.70	对数正态
TC	%	0.25	0.15	0.62	0.21	1.79	0.07~0.67	对数正态
Th	μg/g	17.36	7.32	0.42	16.01	1.49	7.17~35.74	对数正态
Ti	μg/g	3 873.00	1 091.00	0.28	3 719.00	1.00	2 079.00~6 653.00	偏态
Tl	μg/g	1.11	0.42	0.38	1.04	1.43	0.51~2.13	对数正态
U	μg/g	4.36	2.37	0.54	3.81	1.69	1.34~10.83	对数正态
V	μg/g	69.60	22.70	0.33	65.50	1.45	24.20~115.10	正态

续表 4-5

元素/指标	单位	算数平均值	算数标准差	变异系数	几何平均值	几何标准差	基准值范围	浓度概率分布类型
W	μg/g	4.39	2.13	0.49	3.83	1.55	1.60~9.16	对数正态
Y	μg/g	25.70	6.00	0.23	24.90	1.27	13.70~37.60	正态
Zn	μg/g	58.00	18.80	0.32	54.90	1.41	27.80~108.60	偏态
Zr	μg/g	267.00	61.00	0.23	260.00	1.27	145.00~390.00	正态

紫红色砂页岩类成土母质深层土壤绝大部分元素/指标基准值与全区基准值比（K）在0.7~1.3之间，CaO、MgO、Sr比值分别为1.7、1.4、1.4。在区域分布上，CaO富集主要分布于老坪石镇西，最高值达到5.11%，是全区地球化学基准值的42倍。MgO、Sr富集主要分布于南雄盆地，最高值达到2.27%、97.8μg/g，分别是全区地球化学基准值的5和3倍。这反映出紫红色砂页岩中偏碱性土壤的地球化学特征，即与红层盆地内陆盐湖相沉积物源主要为碳酸盐岩岩屑和高钙、镁、生物骨质碎屑等的地质背景密切相关。而I元素K值小于0.6，达到强度贫化。这反映出紫红色砂页岩中有机质含量低的土壤的地球化学特征，即与其炎热干旱性气候条件下的陆相沉积环境，有机质含量少不易吸附，不利于生物富集密切相关。

与7个成土母质单元基准值对比，紫红色砂页岩类成土母质深层土壤中pH较高排名第三位；各族元素/指标含量的基准值多处于中下水平，含量不高；仅造岩元素相对较高，综合位于第二位；个别稀有元素含量较高，如Be、Li、Rb等，位于第二位。

2. 砂页岩类成土母质

砂页岩类成土母质主要分布于韶关市东、翁源县周边、大布镇、始兴县南、乐昌市—必背镇一带，属河流-滨海-浅海相的沉积环境，在机械沉积作用下形成。原岩多为灰色—灰黄色层状石英砂岩、岩屑细砂岩、粉砂岩、泥岩粉砂质、泥页岩等。砂页岩类成土母质元素/指标地球化学基准值统计结果列于表4-6。

表4-6 砂页岩类成土母质元素/指标地球化学基准值（n＝124）

元素/指标	单位	算数平均值	算数标准差	变异系数	几何平均值	几何标准差	基准值范围	浓度概率分布类型
Ag	μg/g	0.050	0.026	0.51	0.044	1.676	0.016~0.123	对数正态
Al$_2$O$_3$	%	18.70	5.50	0.29	17.90	1.37	7.70~29.80	正态
As	μg/g	19.84	13.64	0.69	15.26	2.18	3.20~72.79	偏态
Au	ng/g	1.99	1.02	0.51	1.74	1.71	0.59~5.10	偏态
B	μg/g	111.50	62.70	0.56	90.90	2.06	21.40~386.80	偏态
Ba	μg/g	307.00	121.00	0.39	281.00	1.56	65.00~549.00	正态
Be	μg/g	2.01	0.79	0.39	1.85	1.54	0.78~4.36	偏态
Bi	μg/g	0.63	0.30	0.48	0.56	1.67	0.20~1.54	偏态
Br	μg/g	3.38	1.88	0.56	2.80	1.98	0.71~11.03	偏态
CaO	%	0.13	0.10	0.75	0.09	2.52	0.01~0.56	偏态
Cd	μg/g	0.077	0.051	0.65	0.064	1.881	0.018~0.225	对数正态

续表 4-6

元素/指标	单位	算数平均值	算数标准差	变异系数	几何平均值	几何标准差	基准值范围	浓度概率分布类型
Ce	μg/g	75.70	24.60	0.33	71.80	1.39	37.30～138.10	对数正态
Cl	μg/g	40.00	12.70	0.32	38.30	1.34	21.30～68.90	偏态
Co	μg/g	9.04	5.79	0.64	7.27	2.00	1.82～29.06	对数正态
Corg	%	0.29	0.16	0.58	0.24	1.80	0.07～0.79	对数正态
Cr	μg/g	78.60	30.90	0.39	71.50	1.61	16.90～140.40	正态
Cu	μg/g	22.74	10.45	0.46	20.09	1.72	6.81～59.24	偏态
F	μg/g	523.00	177.00	0.34	493.00	1.42	245.00～991.00	对数正态
TFe$_2$O$_3$	%	5.85	2.05	0.35	5.42	1.53	1.75～9.95	正态
Ga	μg/g	23.32	7.98	0.34	21.88	1.45	7.37～39.28	正态
Ge	μg/g	1.77	0.24	0.13	1.75	1.14	1.30～2.24	正态
Hg	μg/g	0.112	0.060	0.54	0.096	1.765	0.031～0.300	对数正态
I	μg/g	6.11	3.58	0.59	4.86	2.14	1.06～22.28	偏态
K$_2$O	%	2.28	0.94	0.41	2.08	1.58	0.83～5.18	偏态
La	μg/g	31.20	11.10	0.36	29.30	1.43	14.40～59.90	对数正态
Li	μg/g	46.50	23.20	0.50	40.70	1.72	13.70～120.40	偏态
MgO	%	0.58	0.28	0.49	0.51	1.65	0.19～1.39	对数正态
Mn	μg/g	359.00	244.00	0.68	277.00	2.16	60.00～1 293.00	偏态
Mo	μg/g	1.37	0.75	0.55	1.17	1.80	0.36～3.80	偏态
N	μg/g	502.00	254.00	0.51	436.00	1.75	142.00～1 340.00	偏态
Na$_2$O	%	0.15	0.07	0.49	0.13	1.59	0.05～0.33	对数正态
Nb	μg/g	20.88	5.28	0.25	20.21	1.30	10.33～31.43	正态
Ni	μg/g	26.42	14.58	0.55	22.83	1.73	7.61～68.52	对数正态
P	μg/g	335.00	163.00	0.49	299.00	1.63	112.00～794.00	对数正态
Pb	μg/g	31.30	15.00	0.48	27.80	1.65	10.20～75.60	对数正态
pH		5.91	1.07	0.18	5.82	1.19	4.08～8.29	对数正态
Rb	μg/g	123.90	48.40	0.39	112.90	1.60	27.20～220.60	正态
S	μg/g	137.00	56.10	0.41	126.30	1.50	56.20～283.70	对数正态
Sb	μg/g	2.01	1.31	0.65	1.59	2.07	0.37～6.82	对数正态
Sc	μg/g	14.06	5.23	0.37	13.05	1.50	5.82～29.25	偏态
Se	μg/g	0.42	0.22	0.53	0.36	1.82	0.11～1.18	偏态
SiO$_2$	%	62.00	9.70	0.16	61.20	1.18	42.50～81.40	正态
Sn	μg/g	4.14	1.17	0.28	3.97	1.34	1.80～6.49	正态
Sr	μg/g	32.11	18.02	0.56	27.36	1.80	8.47～88.32	对数正态
TC	%	0.35	0.17	0.48	0.31	1.61	0.12～0.81	对数正态

续表 4-6

元素/指标	单位	算数平均值	算数标准差	变异系数	几何平均值	几何标准差	基准值范围	浓度概率分布类型
Th	μg/g	15.88	3.84	0.24	15.38	1.30	8.20～23.56	正态
Ti	μg/g	4 932.00	1 356.00	0.27	4 722.00	1.37	2 221.00～7 643.00	正态
Tl	μg/g	0.91	0.31	0.34	0.86	1.42	0.43～1.73	对数正态
U	μg/g	3.89	1.40	0.36	3.65	1.44	1.77～7.53	对数正态
V	μg/g	108.20	36.90	0.34	100.50	1.53	34.40～182.10	正态
W	μg/g	4.05	1.40	0.35	3.82	1.42	1.88～7.74	对数正态
Y	μg/g	23.44	5.98	0.25	22.65	1.31	11.49～35.40	正态
Zn	μg/g	66.00	28.40	0.43	60.20	1.56	24.70～146.70	偏态
Zr	μg/g	268.00	60.00	0.22	261.00	1.26	148.00～388.00	正态

砂页岩类成土母质深层土壤中有15项元素/指标呈现出不同程度的富集，8项元素/指标呈现出贫化（表4-7）。其中，达到强度富集的有 Cr、Fe_2O_3、V、As、Au、Hg、Sb、Se、B 共9种，相对富集的有 Ni、Cu、Sc、Br、I、N 共6种元素；强度贫化的主要为 Be、Bi、Sn，相对贫化的元素/指标为放射性元素、CaO、Rb、Pb、Tl；其余大部分元素/指标与全区基准值相当。砂页岩类成土母质深层土壤大部分元素/指标基准值与全区基准值比（K）在 0.7～1.5 之间，Cr、V、As、Au、Sb、B、Se 比值分别为 1.9、1.6、1.9、1.8、1.9、2.2、1.5。在砂页岩类区域分布上，Cr、V 高富集主要分布于翁源盆地及曲江区以南周边，最高值分别为 445μg/g、433μg/g，分别是全区地球化学基准值的10倍和6倍。As、Au、Sb、B、Se 高富集主要分布于大宝山北、大布镇周边，最高值分别达为 311μg/g、184ng/g、387μg/g、390μg/g、4.73μg/g，分别是全区地球化学基准值的39倍、185倍、537倍、8倍和9倍。这反映出砂页岩中成矿元素局部强度富集的土壤的地球化学特征，即大东山、贵东、翁源-大布花岗岩体外围碎屑岩形成地球化学元素分区，这与其主要成矿元素与矿化剂组合富集的地质背景密切相关。Se 元素在岩浆结晶过程并未发生富集，当岩浆硫化物与硅酸岩浆发生分离过程中，Se 与 S 同时进入硫化物融离体中，Se 大部分分散到外围碎屑岩硫化物矿物中，才发生 Se 的富集。

表 4-7 砂页岩类成土母质深层土壤元素/指标富集与贫化组合

元素/指标	富集(15)$K \geqslant 1.2$	相当(29)$0.8<K<1.2$	贫化(9)$K \leqslant 0.8$
造岩元素		Al_2O_3、K_2O、SiO_2、Na_2O、MgO	CaO
铁族元素	Cr、Fe_2O_3、Ni、V	Co、Mn、Ti	
稀有稀土元素	Sc	Ce、Li、Nb、Zr、La、Y	Be、Rb
放射性元素			Th、U
钨钼族		W、Mo	Sn、Bi
亲铜成矿元素	Au、As、Cu、Hg、Sb	Ag、Zn	Pb
分散元素	Se	Sr、Ge、Cd、Ba、Ga	Tl
矿化剂及卤族元素	Br、B、I、N	F、Cl、P、S	
碳赋存		TC、Corg	

注：K 为砂页岩类成土母质基准值与全区基准值的比值。

与7个成土母质单元基准值对比,砂页岩类成土母质深层土壤中pH中等,排名第四位;各族元素/指标含量的基准值多处于中下水平,含量不高;但中温亲铜成矿元素组合含量较高,综合位于第三位;个别与成矿相关的铁族元素/指标Cr、Fe_2O_3、V,分散元素Se、Ga,矿化剂B、S等位于第二位。

3. 碳酸盐岩类成土母质

碳酸盐岩类成土母质主要分布于大桥镇—沙坪镇一带及乳源县周边,属陆表海碳酸盐岩潮坪-台地-台盆相的沉积环境,在化学或生物化学沉积作用下沉积形成。原岩多为灰白色—灰色—灰黑色灰岩、白云岩、白云质灰岩、灰质白云岩、生物屑灰岩、泥质灰岩、硅质岩等。碳酸盐岩类成土母质元素/指标地球化学基准值列于表4-8。

表4-8 碳酸盐岩类成土母质元素/指标地球化学基准值($n=96$)

元素/指标	单位	算数平均值	算数标准差	变异系数	几何平均值	几何标准差	基准值范围	浓度概率分布类型
Ag	μg/g	0.058	0.029	0.50	0.051	1.668	0.018～0.142	偏态
Al_2O_3	%	19.56	5.78	0.30	18.67	1.37	9.97～34.96	偏态
As	μg/g	11.91	10.34	0.87	7.92	2.61	1.16～54.13	偏态
Au	ng/g	1.20	0.72	0.60	0.99	1.94	0.26～3.73	偏态
B	μg/g	64.43	43.37	0.67	48.48	2.29	9.26～253.79	偏态
Ba	μg/g	323.80	143.80	0.44	289.70	1.65	106.40～788.50	偏态
Be	μg/g	3.76	2.27	0.60	3.13	1.85	0.91～10.73	对数正态
Bi	μg/g	1.31	1.09	0.83	0.94	2.28	0.18～4.90	对数正态
Br	μg/g	2.47	1.48	0.60	2.01	2.00	0.50～8.08	偏态
CaO	%	0.16	0.10	0.61	0.12	2.18	0.03～0.59	偏态
Cd	μg/g	0.08	0.04	0.54	0.07	1.72	0.02～0.21	对数正态
Ce	μg/g	90.40	36.20	0.40	83.70	1.48	38.00～184.20	对数正态
Cl	μg/g	40.60	10.50	0.26	39.30	1.29	23.70～65.20	对数正态
Co	μg/g	8.37	5.08	0.61	6.91	1.90	1.91～25.05	偏态
Corg	%	0.26	0.15	0.55	0.22	1.82	0.07～0.74	偏态
Cr	μg/g	53.00	33.10	0.62	41.60	2.13	9.20～188.70	偏态
Cu	μg/g	18.40	10.17	0.55	15.37	1.91	4.22～56.03	偏态
F	μg/g	550.00	165.00	0.30	526.00	1.36	285.00～969.00	偏态
TFe_2O_3	%	4.53	1.91	0.42	4.10	1.60	1.60～10.46	偏态
Ga	μg/g	23.81	7.66	0.32	22.46	1.43	8.49～39.12	正态
Ge	μg/g	1.82	0.30	0.16	1.80	1.18	1.30～2.50	对数正态
Hg	μg/g	0.081	0.046	0.57	0.067	1.915	0.018～0.246	偏态
I	μg/g	4.82	3.52	0.73	3.48	2.43	0.59～20.47	偏态
K_2O	%	3.02	1.35	0.45	2.72	1.62	1.04～7.09	偏态
La	μg/g	38.00	15.80	0.42	34.80	1.53	14.90～81.30	偏态

续表 4-8

元素/指标	单位	算数平均值	算数标准差	变异系数	几何平均值	几何标准差	基准值范围	浓度概率分布类型
Li	μg/g	58.50	29.00	0.50	51.70	1.66	18.70～142.70	偏态
MgO	%	0.51	0.22	0.43	0.46	1.56	0.19～1.13	偏态
Mn	μg/g	396.60	246.20	0.62	322.70	1.96	83.80～1 242.20	偏态
Mo	μg/g	1.33	0.76	0.57	1.12	1.81	0.34～3.67	对数正态
N	μg/g	399.00	209.00	0.52	347.00	1.72	117.00～1 029.00	偏态
Na$_2$O	%	0.19	0.11	0.59	0.16	1.78	0.05～0.51	对数正态
Nb	μg/g	24.10	8.10	0.34	22.80	1.40	11.63～44.69	对数正态
Ni	μg/g	19.57	10.90	0.56	16.62	1.81	5.07～54.53	偏态
P	μg/g	304.50	139.00	0.46	272.20	1.64	101.40～730.30	偏态
Pb	μg/g	47.90	24.50	0.51	41.70	1.72	14.14～123.09	偏态
pH		6.03	0.98	0.16	5.95	1.17	4.32～8.19	偏态
Rb	μg/g	221.60	135.30	0.61	178.60	1.84	52.50～607.60	偏态
S	μg/g	112.70	46.90	0.42	104.00	1.49	46.90～230.50	对数正态
Sb	μg/g	1.02	0.87	0.85	0.72	2.34	0.13～3.92	对数正态
Sc	μg/g	10.53	3.80	0.36	9.85	1.45	4.66～20.82	偏态
SiO$_2$	%	64.00	8.90	0.14	63.40	1.15	46.26～81.74	正态
Sn	μg/g	4.01	1.11	0.28	3.87	1.30	2.31～6.50	偏态
Sr	μg/g	42.80	22.60	0.53	37.50	1.68	13.30～105.60	对数正态
TC	%	0.39	0.19	0.48	0.35	1.64	0.13～0.94	对数正态
Th	μg/g	15.20	3.20	0.21	14.86	1.24	8.80～21.59	正态
Ti	μg/g	5 041.00	1 248.00	0.25	4 872.00	1.31	2 544.00～7 537.00	正态
Tl	μg/g	1.00	0.40	0.40	0.93	1.46	0.44～1.98	对数正态
U	μg/g	4.17	1.50	0.36	3.93	1.41	1.99～7.78	对数正态
V	μg/g	110.90	40.30	0.36	103.20	1.50	46.10～231.00	偏态
W	μg/g	5.31	3.43	0.65	4.48	1.75	1.46～13.75	偏态
Y	μg/g	25.75	7.35	0.29	24.79	1.32	14.33～42.89	对数正态
Zn	μg/g	100.20	61.10	0.61	86.30	1.70	29.90～249.60	对数正态
Zr	μg/g	273.00	46.00	0.17	269.00	1.20	180.00～366.00	正态

碳酸盐岩类成土母质深层土壤中有 19 项元素/指标呈现出不同程度的富集，8 项元素/指标呈现出贫化（表 4-9）。其中，达强度富集的仅有 Co、Cr、Ni、V、CaO、MgO、Au、As、Cu、Hg、Sb、Cd 共 12 种，相对富集的有 Fe$_2$O$_3$、Mn、Zn、Br、B、F、N 共 6 种；相对贫化的元素为放射性元素及 Be、Rb、Sn、Bi、Pb、Tl；其余大部分元素/指标与全区基准值相当。

碳酸盐岩类成土母质深层土壤大部分元素/指标基准值与全区基准值比（K）在 0.6～1.4 之间，CaO、MgO、Cr、Ni、V、Co、Au、As、Cu、Hg、Sb、Cd、B、N 比值分别为 1.9、1.5、1.9、1.8、1.5、2.8、1.7、2.5、1.6、1.7、2.9、1.7、2.2、1.6。

表 4-9 碳酸盐岩类成土母质深层土壤元素/指标富集与贫化组合

元素/指标	富集(19)$K\geqslant 1.2$	相当(26)$0.8<K<1.2$	贫化(8)$K\leqslant 0.8$
造岩元素	CaO、MgO	Al_2O_3、K_2O、SiO_2、Na_2O	
铁族元素	Cr、Fe_2O_3、Ni、V、Co、Mn	Ti	
稀有稀土元素		Sc、Ce、Li、Nb、Zr、La、Y	Be、Rb
放射性元素			Th、U
钨钼族		W、Mo	Sn、Bi
亲铜成矿元素	Au、As、Cu、Hg、Sb、Zn	Ag	Pb
分散元素	Cd	Sr、Ge、Ba、Ga、Se	Tl
矿化剂及卤族元素	Br、B、F、N	I、Cl、P、S	
碳赋存		TC、Corg	

注：K 为碳酸盐岩类成土母质基准值与全区基准值的比值。

在碳酸盐岩类区域分布上，CaO、MgO 高富集分布总体与碳酸盐岩区域分布一致，主要于黄圃镇—大桥镇—沙坪镇及大步镇一带，最高值分别达到 2.84%、6.67%，分别是全区地球化学基准值的 23 倍和 14 倍。这反映出碳酸盐岩中偏碱性土壤的地球化学特征，即与碳酸盐岩主要矿物成分方解石($CaCO_3$)、白云石[$CaMg(CO_3)_2$]密切相关。

Cr、Ni、V、Co、Cd 高富集总体与碳酸盐岩分布区域一致，最高值分别达到 183μg/g、217μg/g、217g/g、40.4μg/g、2.79μg/g，分别是全区地球化学基准值的 4 倍、13 倍、3 倍、6 倍和 40 倍。这反映出碳酸盐岩区具有碱性障土壤的地球化学特征，即与碳酸盐岩土壤环境中游离氧、有机质、水分等缺少，且 pH 较高导致其铁族及 Cd 元素地球化学行为强度较弱，不易迁移扩散，易于残留富集相关。

Au、As、Cu、Hg、Sb、B 高富集主要分布于黄圃镇—大桥镇—沙坪镇一带碳酸盐岩区，最高值分别达到 24.7ng/g、481μg/g、63μg/g、1.27μg/g、42.9μg/g、357μg/g，分别是全区地球化学基准值的 25 倍、60 倍、4 倍、19 倍、60 倍和 7 倍。这反映出碳酸盐岩地区具有成矿元素局部强度富集的土壤地球化学特征，即与黄圃镇—大桥镇—沙坪镇一带形成碳酸盐岩地球化学元素分区，其中主要成矿元素与矿化剂组合富集的地质背景密切相关，且由于 B 元素及其化合物的可溶性在海水中更易富集，碳酸盐岩陆表海相沉积物中含 B 更多（刘英俊等，1984）。

与 7 个成土母质单元基准值对比，碳酸盐岩类成土母质深层土壤中 pH 高，排名第一位；矿化剂及卤族元素、钨钼族元素的基准值差异较大；但总体铁族、中温亲铜成矿元素及 Cd、Ga 含量较高，综合排名第二位；稀有稀土元素、放射性元素、大部分分散元素含量偏低，综合排名第六位。

三、火成岩类成土母质元素地球化学基准值

火成岩类成土母质划分为两大类，即花岗岩类成土母质和酸性火山喷出岩类成土母质。

1. 花岗岩类成土母质

韶关市地质史上规模最大、最强烈的酸性岩浆侵入形成了韶关地区北部、北东部的诸广山岩体，中西部、西南部的大东山岩体，中东部的贵东岩体及南部的佛冈岩体。岩体均属中深成相中酸性侵入岩，岩性主要为黑云母二长花岗岩，呈巨大岩基产出，形成韶关地形地貌较高的区域。表 4-10 为韶关市花

岗岩类成土母质元素/指标地球化学基准值统计结果。

表 4−10 花岗岩类成土母质元素/指标地球化学基准值（$n=369$）

元素/指标	单位	算数平均值	算数标准差	变异系数	几何平均值	几何标准差	基准值范围	浓度概率分布类型
Ag	μg/g	0.057	0.030	0.53	0.050	1.725	0.017～0.148	对数正态
Al_2O_3	%	23.80	5.00	0.21	23.30	1.25	13.80～33.90	正态
As	μg/g	4.55	2.66	0.58	3.74	1.95	0.98～14.20	偏态
Au	ng/g	0.66	0.33	0.50	0.58	1.69	0.20～1.65	偏态
B	μg/g	24.49	14.24	0.58	20.82	1.79	6.50～66.62	对数正态
Ba	μg/g	318.00	182.00	0.57	266.00	1.89	74.00～952.00	偏态
Be	μg/g	5.82	2.67	0.46	5.21	1.63	1.97～13.82	偏态
Bi	μg/g	2.45	1.76	0.72	1.81	2.34	0.33～9.91	偏态
Br	μg/g	2.40	1.46	0.61	1.95	2.02	0.48～7.94	偏态
CaO	%	0.13	0.07	0.59	0.10	2.08	0.02～0.44	偏态
Cd	μg/g	0.081	0.034	0.42	0.073	1.570	0.030～0.181	偏态
Ce	μg/g	121.00	48.30	0.40	111.50	1.51	48.80～255.00	偏态
Cl	μg/g	43.20	10.20	0.24	42.00	1.27	26.20～67.30	对数正态
Co	μg/g	5.59	3.13	0.56	4.76	1.79	1.48～15.31	对数正态
Corg	%	0.28	0.15	0.54	0.24	1.80	0.08～0.79	偏态
Cr	μg/g	21.45	10.66	0.50	18.94	1.67	6.82～52.60	对数正态
Cu	μg/g	10.25	5.35	0.52	8.83	1.78	2.80～27.84	偏态
F	μg/g	545.00	151.00	0.28	525.00	1.33	297.00～926.00	偏态
TFe_2O_3	%	3.39	1.30	0.38	3.13	1.52	1.34～7.27	偏态
Ga	μg/g	29.41	6.10	0.21	28.72	1.25	17.20～41.62	正态
Ge	μg/g	1.96	0.38	0.19	1.92	1.21	1.31～2.82	对数正态
Hg	μg/g	0.075	0.039	0.53	0.063	1.913	0.017～0.231	偏态
I	μg/g	5.07	3.68	0.72	3.66	2.42	0.62～21.49	偏态
K_2O	%	3.97	1.32	0.33	3.71	1.49	1.34～6.61	正态
La	μg/g	48.20	25.10	0.52	41.70	1.74	13.70～127.10	偏态
Li	μg/g	74.50	41.50	0.56	63.40	1.80	19.70～204.30	对数正态
MgO	%	0.37	0.14	0.36	0.35	1.46	0.16～0.75	偏态
Mn	μg/g	403.00	214.00	0.53	351.00	1.71	120.00～1 029.00	对数正态
Mo	μg/g	1.43	0.83	0.58	1.20	1.83	0.36～4.03	对数正态
N	μg/g	325.00	162.00	0.50	286.00	1.68	102.00～804.00	对数正态
Na_2O	%	0.27	0.15	0.56	0.23	1.77	0.07～0.71	偏态
Nb	μg/g	32.00	8.60	0.27	30.80	1.33	17.50～54.30	偏态

续表 4-10

元素/指标	单位	算数平均值	算数标准差	变异系数	几何平均值	几何标准差	基准值范围	浓度概率分布类型
Ni	μg/g	10.83	4.46	0.41	9.89	1.55	4.10～23.87	偏态
P	μg/g	286.00	155.00	0.54	246.00	1.77	79.00～770.00	偏态
Pb	μg/g	67.70	22.60	0.33	63.50	1.47	29.30～137.70	偏态
pH		5.57	0.57	0.10	5.54	1.11	4.43～6.70	正态
Rb	μg/g	355.00	139.00	0.39	324.00	1.57	132.00～797.00	偏态
S	μg/g	111.00	42.00	0.38	103.00	1.46	49.00～220.00	对数正态
Sb	μg/g	0.40	0.19	0.48	0.36	1.61	0.14～0.93	对数正态
Sc	μg/g	8.58	2.48	0.29	8.21	1.35	4.51～14.97	偏态
Se	μg/g	0.29	0.18	0.62	0.24	1.95	0.06～0.89	偏态
SiO_2	%	61.00	5.50	0.09	60.80	1.10	50.00～72.00	正态
Sn	μg/g	18.57	10.89	0.59	15.26	1.96	3.96～58.75	偏态
Sr	μg/g	36.58	19.18	0.52	31.64	1.75	10.33～96.86	偏态
TC	%	0.33	0.18	0.54	0.29	1.76	0.09～0.89	偏态
Th	μg/g	48.70	20.10	0.41	44.30	1.60	17.40～112.80	偏态
Ti	μg/g	3 105.00	1 334.00	0.43	2 812.00	1.59	1 118.00～7 074.00	偏态
Tl	μg/g	2.26	0.77	0.34	2.12	1.46	1.00～4.52	偏态
U	μg/g	13.45	5.08	0.38	12.31	1.58	3.29～23.61	正态
V	μg/g	49.50	24.00	0.48	43.40	1.72	14.70～128.10	偏态
W	μg/g	7.04	4.10	0.58	5.89	1.87	1.68～20.62	偏态
Y	μg/g	35.06	15.27	0.44	31.99	1.54	13.50～75.78	对数正态
Zn	μg/g	71.50	19.10	0.27	68.80	1.32	39.30～120.60	偏态
Zr	μg/g	246.00	86.00	0.35	232.00	1.41	116.00～464.00	对数正态

花岗岩类成土母质有16项元素/指标呈现出富集，12项元素/指标呈现贫化（表4-11）。其中，达强度富集的有Be、Rb、K_2O、Na_2O、Sn、Bi、Pb、Tl、Th、U共10种，相对富集的有Al_2O_3、Ce、Li、Nb、W、Ga共6种；强度贫化的元素为Cr、Ni、Au、As、Cu、Sb、B共7种；相对贫化的元素/指标为MgO、Fe_2O_3、V、Co、Ti共5种；其余大部分元素/指标与全区基准值相当。

表 4-11 花岗岩类成土母质深层土壤元素/指标富集与贫化组合

元素/指标	富集(16)$K \geqslant 1.2$	相当(25)$0.8<K<1.2$	贫化(12)$K \leqslant 0.8$
造岩元素	Al_2O_3、K_2O、Na_2O	CaO、SiO_2	MgO
铁族元素		Mn	Cr、Fe_2O_3、Ni、V、Co、Ti
稀有稀土元素	Be、Rb、Ce、Li、Nb	La、Sc、Y、Zr	
放射性元素	Th、U		
钨钼族	W、Sn、Bi	Mo	

续表 4-11

元素/指标	富集(16)$K \geq 1.2$	相当(25)$0.8 < K < 1.2$	贫化(12)$K \leq 0.8$
亲铜成矿元素	Pb	Ag、Hg、Zn	Au、As、Cu、Sb
分散元素	Tl、Ga	Cd、Sr、Ge、Ba、Se	
矿化剂及卤族元素		Br、F、N、I、Cl、P、S	B
碳赋存		TC、Corg	

注：K 为花岗岩类成土母质基准值与全区基准值的比值。

该类成土母质深层土壤大部分元素/指标基准值与全区基准值比在 0.7～1.4 之间，Be、Rb、K_2O、Na_2O、Sn、Bi、Pb、Tl、Th、U 比值分别达 1.7、1.8、1.5、1.4、2.1、1.9、1.5、1.6、1.9、2.1，而 Cr、Ni、As、Au、Cu、Sb、B 比值分别低至 0.5、0.6、0.6、0.5、0.4。

在花岗岩类区域分布上，Be、Rb、K_2O、Na_2O、Tl 富集区域与区内花岗岩体范围一致，高富集主要分布于大东山岩体泉水水库西及贵东岩体岩庄镇一带，最高值分别达到 32.4μg/g、942μg/g、6.87%、2.68%、5.46μg/g，分别是全区地球化学基准值的 10 倍、5 倍、2.5 倍、17 倍和 4 倍。这反映出花岗岩酸性土壤的地球化学特征，即 K_2O、Na_2O 富集与花岗岩内云母类及长石类铝硅酸盐矿物（$KAlSi_3O_8$、$NaAlSi_3O_8$、$CaAl_2Si_3O_8$）含量高密切相关，而 Rb 在云母中含量较高，Be 等稀有稀土元素与 Tl 为亲石元素，在硅酸盐矿物中含量较高。

Th、U、Pb 富集区域与区内花岗岩体范围一致，另外 Pb 于诸广山岩体九峰镇—红山镇一带富集，最高值分别达到 128μg/g、101μg/g、2422μg/g，分别是全区地球化学基准值的 5 倍、15 倍和 58 倍。这反映出花岗岩放射性元素富集土壤的地球化学特征，即和花岗岩内放射性元素本底含量相比其他成土母质高密切相关，而 Pb 富集不仅与放射性元素衰变后同位素富集相关，也与局部矿化富集密切相关。

Sn、Bi 富集区域与区内花岗岩体范围基本一致，主要分布于大东山岩体泉水水库西及贵东岩体岩隘子镇南侧，最高值分别达到 63.3μg/g、44.6μg/g，分别是全区地球化学基准值的 8 倍和 47 倍。这反映出花岗岩区部分成矿元素强度富集的土壤的地球化学特征，即与酸性侵入岩相对富集钨钼族等高温成矿元素组合密切相关。

Cr、Ni、As、Au、Cu、Sb、B 贫化区域与区内花岗岩体范围基本一致，反映出酸性岩浆岩土壤的地球化学特征，即其强度贫化与酸性岩浆分异结晶成岩密切相关，岩浆硫化物与硅酸岩浆发生分离过程中，大部分成矿元素与矿化剂分异分散至岩体外其他成土母质中，酸性侵入岩结晶成岩后硫化物矿物及暗色矿物（铁镁质矿物）含量较少，土壤中铁族元素、亲铜成矿元素等总体贫化。

与 7 个成土母质单元基准值对比，花岗岩类成土母质深层土壤中 pH 低，排名第六位；造岩元素及卤族元素、亲铜成矿元素基准值差异较大；但总体上稀有稀土元素、分散元素、钨钼族元素、放射性元素含量较高，综合排名第一位；但铁族元素及矿化剂含量低，综合排名第七位。

2. 酸性火山喷出岩类成土母质

韶关市酸性火山喷出岩主要分布于司前镇—顿岗镇西、车八岭都享乡一带，另外在韶关市北、仁化县石塘镇零星分布。岩性主要为流纹质凝灰熔岩、凝灰岩、流纹质火山碎屑等，主要为爆发相、溢流相等。其成土母质元素地球化学基准值列于表 4-12。

酸性火山喷出岩类成土母质深层土壤有 19 项元素/指标呈现出不同程度的富集，6 项元素/指标呈现贫化（表 4-13）。其中，达强度富集的仅有 Sc、Cr、V、Co、Mn、MgO、As、Br、I、P 共 10 种，相对富集的有 Fe_2O_3、Ni、Ti、Au、Cu、Sb、Ba、Cd、TC、Corg 共 9 种；强度贫化的元素为 Sn、Th、U 共 3 种；相对贫化的元素为 Be、Rb、Tl；其余大部分元素与全区基准值相当。

表4-12 酸性火山喷出岩类成土母质元素/指标地球化学基准值($n=13$)

元素/指标	单位	算数平均值	算数标准差	变异系数	几何平均值	几何标准差	基准值范围	浓度概率分布类型
Ag	μg/g	0.052	0.020	0.39	0.048	1.512	0.011~0.093	正态
Al_2O_3	%	18.91	3.34	0.18	18.54	1.25	11.89~28.90	偏态
As	μg/g	22.12	19.52	0.88	12.90	3.33	1.37~61.16	正态
Au	ng/g	1.89	2.07	1.09	1.17	2.87	0.14~9.66	对数正态
B	μg/g	51.30	34.10	0.66	39.20	2.36	7.00~218.20	对数正态
Ba	μg/g	413.00	184.00	0.45	366.00	1.71	44.00~782.00	正态
Be	μg/g	2.54	1.23	0.48	2.32	1.52	1.00~5.36	对数正态
Bi	μg/g	0.81	0.58	0.72	0.63	2.11	0.22~1.97	正态
Br	μg/g	3.22	1.98	0.61	2.53	2.18	0.70~7.19	正态
CaO	%	0.11	0.06	0.53	0.09	1.97	0.02~0.23	正态
Cd	μg/g	0.095	0.044	0.46	0.083	1.770	0.007~0.183	正态
Ce	μg/g	87.00	43.50	0.50	79.00	1.55	33.10~188.70	对数正态
Cl	μg/g	46.60	28.10	0.60	39.90	1.75	13.00~122.20	对数正态
Co	μg/g	14.40	7.18	0.50	12.80	1.66	4.64~35.28	对数正态
Corg	%	0.32	0.21	0.64	0.25	2.10	0.08~0.73	正态
Cr	μg/g	72.90	38.20	0.52	63.80	1.71	32.40~149.40	正态
Cu	μg/g	21.40	10.00	0.47	19.20	1.65	1.40~41.50	正态
F	μg/g	419.00	116.00	0.28	403.00	1.34	187.00~651.00	正态
TFe_2O_3	%	6.44	1.62	0.25	6.24	1.31	3.20~9.69	正态
Ga	μg/g	22.95	4.51	0.20	22.38	1.29	13.54~36.98	偏态
Ge	μg/g	1.66	0.25	0.15	1.64	1.18	1.16~2.16	正态
Hg	μg/g	0.063	0.029	0.46	0.057	1.580	0.005~0.120	正态
I	μg/g	6.69	4.06	0.61	5.44	1.99	2.39~14.81	正态
K_2O	%	2.40	0.93	0.39	2.24	1.47	1.03~4.87	对数正态
La	μg/g	31.20	10.90	0.35	29.20	1.46	9.30~53.00	正态
Li	μg/g	80.80	82.40	1.02	56.90	2.23	11.40~283.50	对数正态
MgO	%	0.85	0.54	0.64	0.68	2.00	0.24~1.93	正态
Mn	μg/g	855.00	535.00	0.63	718.00	1.85	210.00~2 446.00	对数正态
Mo	μg/g	1.21	0.78	0.65	1.02	1.78	0.32~3.25	对数正态
N	μg/g	373.00	225.00	0.60	302.00	2.03	102.00~824.00	正态
Na_2O	%	0.15	0.09	0.59	0.13	1.60	0.05~0.33	偏态
Nb	μg/g	18.81	2.77	0.15	18.61	1.16	13.27~24.35	正态
Ni	μg/g	26.20	18.60	0.71	21.00	1.97	5.40~81.40	对数正态
P	μg/g	439.00	165.00	0.37	405.00	1.55	110.00~768.00	正态
Pb	μg/g	40.00	23.50	0.59	34.40	1.78	10.90~108.70	对数正态

续表 4-12

元素/指标	单位	算数平均值	算数标准差	变异系数	几何平均值	几何标准差	基准值范围	浓度概率分布类型
pH		5.70	0.59	0.10	5.67	1.11	4.52～6.88	正态
Rb	μg/g	131.60	41.20	0.31	123.80	1.47	49.20～214.00	正态
S	μg/g	106.40	37.90	0.36	99.60	1.47	30.60～182.30	正态
Sb	μg/g	1.24	0.96	0.77	0.96	2.10	0.22～4.22	对数正态
Sc	μg/g	16.67	5.74	0.34	15.74	1.42	5.18～28.16	正态
Se	μg/g	0.31	0.21	0.69	0.25	1.87	0.07～0.88	对数正态
SiO_2	%	61.00	5.50	0.09	60.80	1.09	50.71～72.85	偏态
Sn	μg/g	3.90	1.13	0.29	3.75	1.36	1.64～6.16	正态
Sr	μg/g	32.50	21.60	0.67	25.90	2.06	6.10～110.00	对数正态
TC	%	0.35	0.21	0.61	0.28	2.02	0.08～0.77	正态
Th	μg/g	14.93	3.09	0.21	14.59	1.26	8.75～21.10	正态
Ti	μg/g	5 151.00	1 054.00	0.20	5 034.00	1.26	3 044.00～7 259.00	正态
Tl	μg/g	1.00	0.39	0.39	0.95	1.41	0.48～1.88	对数正态
U	μg/g	3.26	0.49	0.15	3.22	1.17	2.28～4.24	正态
V	μg/g	120.70	47.90	0.40	112.00	1.50	25.00～216.50	正态
W	μg/g	5.36	4.02	0.75	4.25	1.98	1.08～16.72	对数正态
Y	μg/g	25.79	6.39	0.25	24.98	1.31	13.01～38.58	正态
Zn	μg/g	76.90	26.10	0.34	72.20	1.47	24.70～129.20	正态
Zr	μg/g	260.00	45.00	0.17	256.00	1.18	183.00～358.00	对数正态

酸性火山喷出岩类成土母质深层土壤大部分元素基准值与全区基准值比(K)在0.7～1.5之间，Sc、Co、Cr、Mn、V、MgO、As、Br、I、P比值分别为1.7、1.9、1.8、2.2、1.8、1.8、2.8、1.6、1.9、1.6，而Sn、Th、U比值分别低至0.5、0.6、0.6。

表 4-13 酸性火山喷出岩类成土母质深层土壤元素/指标富集与贫化组合

元素/指标	富集(19)$K \geqslant 1.2$	相当(28)$0.8 < K < 1.2$	贫化(6)$K \leqslant 0.8$
造岩元素	MgO	Al_2O_3、K_2O、Na_2O、CaO、SiO_2	
铁族元素	Cr、Fe_2O_3、Ni、V、Co、Ti、Mn		
稀有稀土元素	Sc	La、Y、Zr、Ce、Li、Nb	Be、Rb
放射性元素			Th、U
钨钼族		W、Mo、Bi	Sn
亲铜成矿元素	As、Cu、Sb	Au、Ag、Hg、Zn、Pb	
分散元素	Cd、Ba	Sr、Ge、Se、Ga	Tl
矿化剂及卤族元素	Br、I、P	F、N、Cl、S、B	
碳赋存	TC、Corg		

注：K为酸性火山喷出岩类成土母质基准值与全区基准值的比值。

酸性火山喷出岩区域分布上，Sc、Co、Cr、Mn、V、MgO富集区域与区内火山喷出岩范围一致，最高值分别达到31μg/g、31.1μg/g、160μg/g、2264μg/g、237μg/g、1.94%，分别是全区地球化学基准值的3倍、4.5倍、4倍、7倍、3.5倍和4倍，均明显高于花岗岩类风化物，反映出酸性火山喷出岩土壤的地球化学特征，即因酸性岩浆熔融和结晶过程中元素分异，稀有稀土元素多属不相容元素，趋于进入熔体或冷却慢结晶程度高的侵入岩中；而Sc及铁族元素属不相容元素，趋于保留在岩石的固相矿物或冷却快结晶程度低的喷出岩当中。由于喷出岩冷却速度较快，多形成隐晶、脱玻化、玻璃质、微细粒的岩石。形成的土壤粒度细且质地紧密，土壤较肥沃有机质含量高，易形成吸附障，铁族元素、部分亲铜成矿元素及分散元素易吸附残留富集。

As、Br、I、P最高值分别达到56.3μg/g、6.1μg/g、13.5μg/g、754μg/g，分别是全区地球化学基准值的7倍、3倍、4倍、3倍，也均明显高于花岗岩类风化物。这反映出酸性喷出岩火山岩相土壤的地球化学特征，即因酸性岩浆中挥发分、矿化剂及Fe、Mg、Mn等含量高，可以起到降低聚合程度的作用，降低岩浆黏性，易形成喷出相、爆发相、溢流相的火山岩，故酸性火山喷出岩内与矿化剂及挥发分等相关元素含量较高。

Sn、Th、U贫化区域与区内酸性火山喷出岩一致，反映出酸性岩浆岩部分成矿元素贫化土壤的地球化学特征，即Sn等钨钼族属高温成矿元素，易于在冷却慢的侵入岩边缘相及围岩中富集成矿，不利于冷却快成岩的喷出火山岩富集。Th、U等放射性元素总体属于亲石元素，易在富硅酸盐矿物中富集，酸性火山岩内贫化，而酸性侵入岩内相对富集。

与7个成土母质单元基准值对比，酸性火山岩类成土母质深层土壤中pH较低，排名第五位；造岩元素、亲铜成矿元素、稀有稀土元素、分散元素基准值差异较大；总体铁族元素含量最高，综合排名第一位，但放射性元素含量最低，排名第七位。

四、变质岩类成土母质元素地球化学基准值

变质岩类成土母质主要分布于韶关市中部和北部、乐昌市西部大源镇—必背镇一带、仁化县北部、始兴县南部、南雄盆地周边等，多为区内侵入岩体围岩。该类成矿母质多属浅海-半深海相的沉积环境，在机械沉积作用下固结成岩，再经轻—中度区域变质作用形成。岩石多为石英片岩、石英岩、碳质千枚岩、板岩、硅质岩、硅质页岩等。变质岩类成土母质元素/指标地球化学基准值统计结果列于表4-14。

表4-14 变质岩类成土母质元素/指标地球化学基准值（n=102）

元素/指标	单位	算数平均值	算数标准差	变异系数	几何平均值	几何标准差	基准值范围	浓度概率分布类型
Ag	μg/g	0.049	0.020	0.41	0.045	1.472	0.021~0.098	对数正态
Al₂O₃	%	18.10	3.50	0.19	17.70	1.23	11.10~25.10	正态
As	μg/g	18.96	14.54	0.77	13.62	2.41	2.35~78.98	对数正态
Au	ng/g	1.61	0.74	0.46	1.43	1.69	0.50~4.10	偏态
B	μg/g	68.30	30.10	0.44	60.80	1.70	21.10~175.50	偏态
Ba	μg/g	403.00	127.00	0.32	381.00	1.42	149.00~656.00	正态
Be	μg/g	2.56	1.09	0.43	2.36	1.48	1.07~5.18	对数正态
Bi	μg/g	0.76	0.37	0.49	0.68	1.62	0.26~1.78	对数正态

续表 4-14

元素/指标	单位	算数平均值	算数标准差	变异系数	几何平均值	几何标准差	基准值范围	浓度概率分布类型
Br	μg/g	3.78	2.19	0.58	3.18	1.84	0.94～10.75	对数正态
CaO	%	0.09	0.06	0.68	0.07	2.08	0.02～0.30	对数正态
Cd	μg/g	0.073	0.029	0.40	0.067	1.514	0.029～0.154	对数正态
Ce	μg/g	82.40	24.20	0.29	78.70	1.37	33.90～130.80	正态
Cl	μg/g	41.40	9.70	0.23	40.20	1.27	22.10～60.70	正态
Co	μg/g	11.99	6.22	0.52	10.41	1.74	3.42～31.62	对数正态
Corg	%	0.40	0.22	0.55	0.34	1.76	0.11～1.07	对数正态
Cr	μg/g	78.30	28.70	0.37	71.10	1.65	20.90～135.70	正态
Cu	μg/g	30.90	12.40	0.40	28.30	1.55	6.20～55.70	正态
F	μg/g	512.00	128.00	0.25	496.00	1.28	305.00～809.00	对数正态
TFe_2O_3	%	5.74	1.58	0.27	5.47	1.40	2.78～10.77	偏态
Ga	μg/g	21.40	4.30	0.20	21.00	1.25	12.90～30.00	正态
Ge	μg/g	1.76	0.23	0.13	1.74	1.14	1.29～2.22	正态
Hg	μg/g	0.090	0.046	0.51	0.077	1.86	0.022～0.266	偏态
I	μg/g	6.45	3.79	0.59	5.12	2.16	1.10～23.90	偏态
K_2O	%	2.48	0.72	0.29	2.38	1.32	1.37～4.13	对数正态
La	μg/g	36.00	14.10	0.39	33.30	1.50	14.90～74.50	对数正态
Li	μg/g	44.50	16.40	0.37	41.60	1.46	19.50～88.70	对数正态
MgO	%	0.63	0.20	0.32	0.60	1.38	0.31～1.14	对数正态
Mn	μg/g	485.00	311.00	0.64	385.00	2.06	91.00～1 636.00	偏态
Mo	μg/g	1.39	0.82	0.59	1.18	1.78	0.38～3.73	对数正态
N	μg/g	505.00	234.00	0.46	448.00	1.68	160.00～1 258.00	偏态
Na_2O	%	0.12	0.06	0.51	0.11	1.62	0.04～0.28	对数正态
Nb	μg/g	18.86	3.66	0.19	18.52	1.21	12.68～27.06	对数正态
Ni	μg/g	29.10	11.70	0.40	26.60	1.55	11.00～64.20	偏态
P	μg/g	382.00	110.00	0.29	366.00	1.36	162.00～602.00	正态
Pb	μg/g	34.90	13.40	0.38	32.40	1.47	15.10～69.80	对数正态
pH		5.33	0.58	0.11	5.30	1.12	4.16～6.50	正态
Rb	μg/g	128.00	33.00	0.26	123.00	1.30	73.00～209.00	对数正态
S	μg/g	150.00	62.00	0.42	136.00	1.57	25.00～274.00	正态
Sb	μg/g	1.97	1.78	0.90	1.31	2.57	0.20～8.63	对数正态
Sc	μg/g	13.20	3.65	0.28	12.65	1.36	5.91～20.50	正态
Se	μg/g	0.46	0.26	0.56	0.38	2.01	0.09～1.54	偏态
SiO_2	%	62.90	5.60	0.09	62.70	1.09	51.70～74.10	正态

续表 4-14

元素/指标	单位	算数平均值	算数标准差	变异系数	几何平均值	几何标准差	基准值范围	浓度概率分布类型
Sn	μg/g	5.81	2.90	0.50	5.24	1.55	2.18~12.61	偏态
Sr	μg/g	22.06	7.76	0.35	20.82	1.41	10.54~41.14	对数正态
TC	%	0.44	0.22	0.49	0.39	1.69	0.14~1.12	对数正态
Th	μg/g	18.15	3.64	0.20	17.78	1.23	10.86~25.43	正态
Ti	μg/g	4 690.00	992.00	0.21	4 571.00	1.27	2 705.00~6 674.00	正态
Tl	μg/g	1.02	0.28	0.27	0.99	1.30	0.58~1.66	对数正态
U	μg/g	4.08	1.04	0.26	3.95	1.30	2.34~6.64	对数正态
V	μg/g	106.00	32.00	0.31	100.00	1.43	41.00~170.00	正态
W	μg/g	4.56	2.79	0.61	3.91	1.72	1.32~11.58	对数正态
Y	μg/g	27.41	6.58	0.24	26.57	1.29	14.25~40.58	正态
Zn	μg/g	70.30	19.40	0.28	67.30	1.36	31.40~109.10	正态
Zr	μg/g	255.00	47.00	0.18	250.00	1.22	161.00~349.00	正态

变质岩类成土母质深层土壤,有 21 项元素/指标呈现出不同程度的富集,8 项元素/指标呈现出贫化(表 4-15)。其中,达强度富集的仅有 Co、Cr、Ni、V、As、Au、Cu、Sb、Se、Br、I、P、S、Corg 共 14 种,相对富集的有 MgO、Fe$_2$O$_3$、Sc、Ba、B、N、TC 共 7 种;相对贫化的指标为 CaO、Na$_2$O、Rb、Th、U、Sn、Bi、Tl;其余大部分元素/指标与全区基准值相当。

表 4-15 变质岩类成土母质深层土壤元素/指标富集与贫化组合

元素/指标	富集(21) $K \geqslant 1.2$	相当(24) $0.8 < K < 1.2$	贫化(8) $K \leqslant 0.8$
造岩元素	MgO	Al$_2$O$_3$、K$_2$O、SiO$_2$	CaO、Na$_2$O
铁族元素	Cr、Fe$_2$O$_3$、Ni、Co、V	Mn、Ti	
稀有稀土元素	Sc	Be、La、Y、Zr、Ce、Li、Nb	Rb
放射性元素			Th、U
钨钼族		W、Mo	Sn、Bi
亲铜成矿元素	As、Au、Cu、Sb	Ag、Hg、Zn、Pb	
分散元素	Se、Ba	Cd、Sr、Ge、Ga	Tl
矿化剂及卤族元素	S、B、N、Br、I、P	F、Cl	
碳赋存	TC、Corg		

注:K 为变质岩类成土母质基准值与全区基准值的比值。

变质岩类成土母质深层土壤大部分元素基准值与全区基准值比(K)在 0.6~1.5 之间,有 Co、Cr、Ni、V、As、Cu、Sb、Se、Br、Corg 比值分别为 1.5、1.9、1.6、1.5、1.7、2.0、1.8、1.6、1.6、1.5。

在变质岩类成土母质区域分布上,Co、Cr、Ni、V 高富集主要分布于司前镇北东一带及必背镇—桂头镇南西一带,最高值分别达到 69.7μg/g、409μg/g、229μg/g、246μg/g,分别是全区地球化学基准值的 10 倍、10 倍、14 倍和 3.5 倍。As、Au、Sb 高富集主要分布于必背镇—桂头镇南西与韶关市东大桥镇一带,最高值分别达到 185μg/g、13.5ng/g、218μg/g,分别是全区地球化学基准值 23 倍、13.5 倍和 302 倍。以上元素的富集特点,反映了变质岩中成矿元素局部强度富集特征。究其原因,主要与韶关地区中低温成矿元素及矿化剂元素组合富集的地质背景密切相关,在韶关贵东岩体外围的碎屑岩区存在多期次构造岩浆活动,成矿元素富集程度相对较高。

Se、Br、Corg 富集区域与区内变质岩分布基本一致,且 Se、Br 于必背镇—桂头镇南西一带强度富集,最高值分别达到 1.13μg/g、24μg/g、1.49μg/g,分别是全区地球化学基准值的 4.5 倍、12 倍和 6.5 倍。这反映出变质岩区具有吸附障的土壤的地球化学特征,即 Se、Br 元素富集不仅与岩浆分异、成矿元素及挥发分等分散到围岩中相关,也与韶关市变质岩系沉积环境主要为浅海-深海相密切相关,其原岩成土母质中 Br 等卤族元素较富集,且该类变质岩系中藻类等生物群较多,原岩中有机碳等相对富集,Se 元素也存在生物富集等因素。

与 7 个成土母质单元基准值对比,变质岩类成土母质深层土壤中 pH 最低,排名第七位;造岩元素、稀有稀土元素、分散元素基准值差异较大;总体来看,铁族元素及亲铜成矿元素含量较高,综合位于第三位,低于火山岩类风化物及碳酸盐岩类风化物;放射性元素含量相对较高,位于第三位,低于花岗岩类风化物及第四纪沉积物。

第五章　土壤环境背景值

第一节　土壤环境背景值的求取

一、土壤环境背景值的定义

《环境地球化学》（戎秋涛和翁焕新，1990）中对环境背景值定义为："指在不受污染的情况下，环境组成要素（大气、水体、土壤、岩石、河流沉积物和植物等）的平均化学成分。它反映了地表圈层中各环境要素原有的化学组成（成分和形态）的特征。但是，随着环境污染的加剧，现在全球几乎找不到一个不受污染影响的环境要素，因而环境背景值实际上只是一个相对的概念，它只是代表相对不受污染或少受污染的环境要素的平均化学成分。"

"环境背景值又是自然元素以不同形态在地表环境中循环演化时的某一时空状态的反映。也就是说，它在不同时期、不同范围的等级系统中都不同。"

"环境背景值具有不同的等级系统，有全球性的或区域（地区、流域）性的背景值，也有局部性的背景值。"

《土壤环境质量建设用地土壤污染风险管控标准（试行）》（GB 36600—2018）中对土壤环境背景值的定义为："指基于土壤环境背景含量的统计值。通常以土壤环境背景含量的某一分位值表示。其中，土壤环境背景含量是指在一定时间条件下，仅受地球化学过程和非点源输入影响的土壤中元素或化合物的含量。"

从上述表述来看，土壤环境背景值具有双重属性，一种是自然属性，其含量包含了自然背景的一部分；一种是人为属性，包含了一定的面源污染物（如大气降尘等）。该概念包含了以下几个方面：①背景值只是一个相对的概念，具有随时间变化的特征；②背景值受自然成因和人为活动的双重影响，自然成因和人为活动的影响区域一般是非重合的，从而造成背景值的基本求取单元难以统一；③背景值可以是全国性背景值、区域性背景值、局域性背景值、地质单元背景值、土壤类型背景值等；④背景值具有相对代表性，背景值由于受多重因素控制，往往是分布形态复杂，难以用单一的函数确定地球化学元素的分布特征，确定有绝对代表性的数值。

土壤环境背景值概念与土壤地球化学背景值相同，也可称为土壤元素背景值，但其表达方式有所区别，土壤地球化学背景值以表层土壤（第Ⅱ环境）中元素或化合物含量的算术平均值或几何平均值来表征，而土壤环境背景值是一个相对的概念，指在一定时间条件下，仅受地球化学过程和非点源输入影响的土壤中元素或化合物的含量，它以土壤中元素含量或化合物的某一区间值表示。

二、土壤环境背景值的求取

根据元素丰度的定义,土壤中元素的丰度应为元素浓度的算术平均值(平均值)。但元素的背景含量仅用丰度来表示是不够的,国内外一般都采用元素浓度的一个范围值(背景值范围)表示。对于背景值范围的表示方法,各专家认识不一。本次工作认为,由于不同元素浓度的概率分布类型不同,元素浓度测值的变化规律各异,因此不可能用同一种方法表示出不同分布类型元素浓度的背景值范围。

土壤中元素浓度概率分布类型有正态分布、对数正态分布和偏态分布。

对于正态分布的元素,因正态分布的密度函数以平均值 μ(其无偏估计量为样本算术平均值 $\overline{X}$)处呈左右对称,其离散程度可由标准差 σ(样本标准差为 S)表示,其 $\overline{X}-n \cdot S$ 至 $\overline{X}$ 与 $\overline{X}$ 至 $\overline{X}+n \cdot S$ 区间($n=1、2、3、……$)内概率相等。因此,正态分布的元素的背景值范围应该用平均值和标准差表示,我们取($\overline{X} \pm 2S$)表示土壤环境背景值范围。

对于对数正态分布的元素,因为对数正态分布的密度函数是不对称的,呈正偏分布,因而用算术平均值和标准差来确定元素的背景值范围显然是不恰当的。此种分布的对数浓度值以几何平均数 μ(样本几何平均值为 M)为左右对称,且其几何标准差 σ(样本几何标准差为 D)控制了分布的离散程度,其 M/D^n 至 M 与 M 至 $M \cdot D^n$ 区间($n=1、2、3、……$)内概率相等。因此,对数正态分布的元素,其背景值范围应该用几何平均值和几何标准差表示,我们取($M/D^2 \sim M \cdot D^2$)表示其背景值范围。

对于偏态分布的元素,其背景值范围的确定比较困难。因偏态分布的密度函数不论就其浓度值和对数浓度值而言都是不对称的。因而,从理论上讲,不论用算术平均值加减标准差或用几何平均值乘除几何标准差表示都是不恰当的。经分析可知,元素浓度值的偏度和峰度都较元素对数浓度值的偏度与峰度大,即偏态分布元素样本浓度的概率曲线偏离对数正态分布密度函数曲线的程度,比偏离正态分布密度函数曲线的程度稍小一些。因此,采用对数正态分布元素背景浓度的表示方法,即用几何平均值乘除几何标准差($M/D^2 \sim M \cdot D^2$)近似表示本区偏态分布元素浓度的背景值范围。

为了使土壤中某些元素的高含量区(点)易于发现,引用了地球化学中极为重要的元素异常下限值的概念,即当土壤中某种元素浓度值超过其异常下限值时,则称为土壤地球化学异常。异常下限值确定后,可以此为准,确定异常的高低和圈定异常的范围,从而在综合分析的基础上判断异常的形成原因。因此,元素异常下限值应是土壤环境质量评价的标准之一。对于正态分布者,我们取其平均值加两倍标准差($\overline{X}+2S$)为元素异常下限值;对于对数正态分布和偏态分布的元素则以几何平均值乘几何标准差的平方($M \cdot D^2$)表示。显然这样的概率区间是可以满足异常圈定的要求的,因为用 $\overline{X}+2S$ 和 $M \cdot D^2$ 作为异常下限所确定的异常,其中有 97.725% 的可能性为异常值,仅有 2.275% 的可能性属于背景值,因而这样的信度是可以满足要求的。

三、表层土壤元素富集与贫化的界定标准

土壤元素的富集与贫化是一个相对的概念,利用所评价的土壤元素含量与评价标准的比值(K)来体现,以 $K \leqslant 0.6$、$0.6 < K \leqslant 0.8$、$0.8 < K < 1.2$、$1.2 \leqslant K < 1.4$、$K \geqslant 1.4$ 为标准,将区域土壤元素相对一定评价标准的贫化富集程度划分为强度贫化、中弱贫化、相当、中弱富集和强度富集(表 5-1)。元素的富集或贫化程度与评价标准密切相关,分别以全国土壤 A 层元素含量、广东省土壤 A 层元素含量(迟清华和鄢明才,2007)、深层土壤元素含量(基准值)为评价标准,分析韶关市土壤相对全国土壤、广东省土壤或全区土壤地球化学基准值的富集与贫化特点。

表 5-1 土壤元素富集与贫化的界定标准

富集贫化程度	强度贫化	中弱贫化	相当	中弱富集	强度富集
K	$K \leqslant 0.6$	$0.6 < K \leqslant 0.8$	$0.8 < K < 1.2$	$1.2 \leqslant K < 1.4$	$K \geqslant 1.4$

第二节 区域土壤环境背景值

一、土壤环境背景值概率分布特征

对韶关市表层土壤 3969 件样品分别进行了 54 项元素/指标的分析测试,对测试结果进行参数计算,统计了原始数据剔除离群数据($\overline{X} \pm 3S$)后的平均值、标准差、变异系数、背景值、异常下限等地球化学参数,并利用偏度有方向来检验元素浓度概率分布类型,统计结果列于表 5-2。

表 5-2 韶关市表层土壤环境背景值参数统计表($n=3969$)

元素/指标	单位	算数平均值	算数标准差	变异系数	几何平均值	几何标准差	背景值	浓度概率分布类型
Ag	μg/g	0.08	0.033 9	39.95	0.08	1.501 8	0.03~0.18	偏态
Al₂O₃	%	15.89	4.743 7	29.85	15.16	1.367 9	8.10~28.37	偏态
As	μg/g	9.64	7.895 1	81.87	6.80	2.394 2	1.19~38.98	偏态
Au	ng/g	1.41	0.832 7	58.91	1.18	1.871 4	0.34~4.12	偏态
B	μg/g	65.31	46.573 7	71.31	47.72	2.373 7	8.47~268.88	偏态
Ba	μg/g	310.23	129.729 6	41.82	280.99	1.602 4	109.43~721.48	偏态
Be	μg/g	3.50	2.368 8	67.69	2.82	1.944 1	0.74~10.64	对数正态
Bi	μg/g	1.16	0.818 4	70.46	0.92	1.986 1	0.23~3.63	偏态
Br	μg/g	3.16	2.096 0	66.39	2.59	1.879 3	0.73~9.13	偏态
CaO	%	0.15	0.086 8	56.19	0.13	1.857 9	0.04~0.45	偏态
Cd	μg/g	0.17	0.096 2	56.67	0.14	1.783 6	0.05~0.46	偏态
Ce	μg/g	91.40	32.018 1	35.03	86.12	1.414 8	43.02~172.38	偏态
Cl	μg/g	48.65	13.671 4	28.10	46.72	1.334 8	26.23~83.22	偏态
Co	μg/g	6.70	4.343 8	64.86	5.38	1.984 7	1.37~21.21	偏态
Corg	%	1.33	0.583 8	43.84	1.20	1.636 1	0.45~3.20	偏态
Cr	μg/g	45.53	28.269 3	62.10	35.61	2.140 3	7.77~163.12	偏态
Cu	μg/g	17.26	8.715 7	50.50	14.82	1.806 5	4.54~48.38	偏态
F	μg/g	524.07	156.396 1	29.84	501.89	1.342 1	278.63~904.01	对数正态
Ga	μg/g	19.33	6.582 4	34.06	18.15	1.441 5	8.74~37.72	偏态
Ge	μg/g	1.40	0.213 7	15.26	1.38	1.163 4	1.02~1.87	对数正态

续表 5-2

元素/指标	单位	算数平均值	算数标准差	变异系数	几何平均值	几何标准差	背景值	浓度概率分布类型
Hg	μg/g	0.11	0.049 4	46.43	0.10	1.613 8	0.04~0.25	偏态
I	μg/g	1.73	1.254 2	72.36	1.38	1.943 4	0.36~5.20	偏态
K_2O	%	2.89	1.365 1	47.16	2.57	1.659 7	0.93~7.07	偏态
La	μg/g	40.63	14.291 5	35.18	38.24	1.421 6	18.92~77.28	偏态
Li	μg/g	48.45	23.284 6	48.06	43.10	1.643 2	15.96~116.37	偏态
MgO	%	0.48	0.219 5	45.58	0.43	1.609 2	0.17~1.12	偏态
Mn	μg/g	299.55	174.493 3	58.25	251.29	1.850 3	73.40~860.31	偏态
Mo	μg/g	0.87	0.412 2	47.54	0.77	1.620 9	0.29~2.04	偏态
N	μg/g	1 206.02	472.390 1	39.17	1 109.31	1.533 6	471.66~2 609.02	偏态
Na_2O	%	0.22	0.145 2	64.84	0.18	1.897 8	0.05~0.66	偏态
Nb	μg/g	22.81	8.015 4	35.14	21.51	1.407 3	10.86~42.60	偏态
Ni	μg/g	15.29	9.504 6	62.17	12.41	1.957 1	3.24~47.54	偏态
P	μg/g	520.19	218.404 1	41.99	473.12	1.573 5	191.09~1 171.39	偏态
Pb	μg/g	51.87	24.898 5	48.01	45.84	1.671 6	16.41~128.10	偏态
pH		5.08	5.096 6	96.41	5.54	0.951 2	6.12~5.01	偏态
Rb	μg/g	208.22	139.363 1	66.93	166.60	1.971 1	42.88~647.26	对数正态
S	μg/g	228.08	80.373 2	35.24	214.05	1.437 3	103.62~442.20	偏态
Sb	μg/g	0.95	0.704 3	74.42	0.73	2.049 4	0.17~3.07	偏态
Sc	μg/g	8.89	2.948 2	33.18	8.39	1.411 6	4.21~16.72	偏态
Se	μg/g	0.36	0.167 6	46.44	0.33	1.570 8	0.13~0.80	对数正态
SiO_2	%	68.25	7.462 2	10.93	67.83	1.117 8	53.33~83.17	正态
Sn	μg/g	9.77	7.431 9	76.07	7.50	2.051 7	1.78~31.56	偏态
Sr	μg/g	36.01	17.998 9	49.98	31.66	1.683 5	11.17~89.73	偏态
TC	%	1.41	0.593 1	42.10	1.28	1.566 1	0.52~3.15	偏态
TFe_2O_3	%	3.66	1.606 2	43.86	3.31	1.591 9	1.30~8.38	偏态
Th	μg/g	25.30	15.676 5	61.97	21.24	1.788 8	6.64~67.98	偏态
Ti	μg/g	3 955.91	1 389.228 3	35.12	3 664.39	1.522 9	1 580.01~8 498.55	偏态
Tl	μg/g	1.35	0.824 6	61.05	1.12	1.852 5	0.33~3.85	对数正态
U	μg/g	6.99	5.090 6	72.87	5.40	2.050 2	1.28~22.69	偏态
V	μg/g	64.24	31.312 4	48.74	55.70	1.773 8	17.70~175.26	偏态
W	μg/g	5.16	2.748 7	53.32	4.51	1.680 4	1.60~12.73	偏态
Y	μg/g	30.45	9.491 2	31.17	29.05	1.361 4	15.67~53.84	偏态
Zn	μg/g	67.43	23.570 0	34.96	63.22	1.447 5	30.17~132.47	偏态
Zr	μg/g	284.20	76.679 9	26.98	273.24	1.335 6	153.17~487.41	偏态

注:"变异系数"单位为%,为百分值表示形式;特别说明第五章"变异系数"计算为保留精确数字均用百分数表示,文中为小数表示。

由表 5-2 可见，韶关市表层土壤元素分布以偏态分布为主，其中符合正态分布的仅 SiO_2，符合对数正态分布的元素有 Be、F、Ge、Rb、Se、Tl 共 6 个元素，其余元素分布均为偏态分布。

变异系数（CV）是反映元素分布均匀程度的一个重要参数。采用如下经验值判别，即 CV<0.25 时为轻度变异，元素均匀分布；当 0.25≤CV<0.50 时为中等程度变异，元素分布较均匀；当 0.5≤CV<0.75 时为强度变异，元素分布较不均匀；当 0.75≤CV<1 时为高度变异，元素分布不均匀；当 CV≥1 时为极度变异，元素分布极不均匀。

根据韶关市表层土壤算术平均值变异系数大小可以分解为以下 2 组 4 类。

1. 轻度—中等程度变异（均匀—较均匀分布型）

均匀分布型（CV<0.25）元素/指标较少，仅 SiO_2 和 Ge。

全区元素/指标以较均匀分布型为主（0.25≤CV<0.50），包括 Zr、Cl、Al_2O_3、F、Y、Sc、Ga、Ce、La、Nb、S、Ti、Zn、N、Ag、Ba、P、TC、Corg、Fe_2O_3、Hg、MgO、Se、K_2O、Li、Mo、Pb、V 共 28 项元素/指标。这些元素/指标区域背景场总体上呈含量起伏变化不大的分布特点。

2. 强度变异型（0.50≤CV<0.75）、高度变异（0.75≤CV<1）

强度变异型元素/指标包括 Sr、Cu、W、CaO、Cd、Mn、Au、Tl、Cr、Ni、Th、Co、Na_2O、Br、Rb、Be、Bi、B、I、U、Sb 共 21 项元素/指标，高度变异元素/指标分别为 Sn、As 和 pH。该组元素区域上含量起伏较大，分异特征明显，不同地质背景及不同自然环境区含量差异较大，区域地球化学场表现为在多个生态环境区呈现富集或异常区（带）的不均匀分布特征。

二、全区土壤环境背景值含量特征

引入全国土壤 A 层背景值、广东省土壤 A 层背景值、深层土壤元素含量（韶关市基准值），对韶关市表层土壤背景值含量特征进行比较分析（表 5-3）。

表 5-3　韶关市表层土壤环境背景值、基准值、广东省土壤 A 层与全国土壤 A 层背景值概览表

元素/指标	单位	韶关市背景值	韶关市基准值	广东省土壤 A 层	全国土壤 A 层	元素/指标	单位	韶关市背景值	韶关市基准值	广东省土壤 A 层	全国土壤 A 层
Ag	μg/g	0.08	0.051	0.099	0.11	N	μg/g	1 109.31	347.00		
Al_2O_3	%	15.16	18.67	11.88	11.54	Na_2O	%	0.18	0.16	0.07	0.92
As	μg/g	6.80	7.92	6.80	9.20	Nb	μg/g	21.51	22.80		
Au	ng/g	1.18	0.99			Ni	μg/g	12.41	16.62	9.60	23.40
B	μg/g	47.72	48.48	10.60	38.70	Corg	%	1.20	0.22	2.49	
Ba	μg/g	280.99	289.70	126.00	450.00	P	μg/g	473.12	272.20		
Be	μg/g	2.82	3.13	1.19	1.82	Pb	μg/g	45.84	41.70	30.00	24.00
Bi	μg/g	0.92	0.94	0.36	0.32	pH		5.54	6.03	5.10	6.50
Br	μg/g	2.59	2.01	4.90	3.40	Rb	μg/g	166.60	178.60	65.00	107.00
CaO	%	0.13	0.12	0.06	0.99	S	μg/g	214.05	104.00		
Cd	μg/g	0.14	0.07	0.041	0.074	Sb	μg/g	0.73	0.72	0.41	1.06

续表 5-3

元素/指标	单位	韶关市背景值	韶关市基准值	广东省土壤A层	全国土壤A层	元素/指标	单位	韶关市背景值	韶关市基准值	广东省土壤A层	全国土壤A层
Ce	μg/g	86.12	83.70	56.00	65.00	Sc	μg/g	8.39	9.85	6.30	10.60
Cl	μg/g	46.72	39.30		137.00	Se	μg/g	0.33	0.25	0.24	0.22
Co	μg/g	5.38	6.91	5.30	11.20	SiO_2	%	68.25	63.31		
Cr	μg/g	35.61	41.60	36.00	54.00	Sn	μg/g	7.50	7.35	3.70	2.30
Cu	μg/g	14.82	15.37	10.50	20.00	Sr	μg/g	31.66	32.20	18.00	121.00
F	μg/g	501.89	526.00	358.00	440.00	TC	%	1.28	0.28		
Ga	μg/g	18.15	23.81	11.90	15.80	TFe_2O_3	%	3.31	4.10	2.94	3.90
Ge	μg/g	1.38	1.80	1.60	1.70	Th	μg/g	21.24	23.56	19.40	12.80
Hg	μg/g	0.10	0.067	0.055	0.04	Ti	μg/g	3 664.39	4 060.00	2 500.00	3 600.00
I	μg/g	1.38	3.48	5.42	2.38	Tl	μg/g	1.12	1.32	0.61	0.58
K_2O	%	2.57	2.72	0.89	2.16	U	μg/g	5.40	6.46	4.20	2.79
La	μg/g	38.24	34.80	30.70	37.40	V	μg/g	55.70	68.54	39.00	76.00
Li	μg/g	43.10	51.70	17.00	29.00	W	μg/g	4.51	4.77	2.69	2.22
MgO	%	0.43	0.46	0.22	1.05	Y	μg/g	29.05	26.96	21.70	21.80
Mn	μg/g	251.29	322.70	163.00	482.00	Zn	μg/g	63.22	65.61	36.00	68.00
Mo	μg/g	0.77	1.12	6.00	1.20	Zr	μg/g	273.24	252.20	254.00	237.00

(1) 在全国土壤 A 层元素含量统计中,土壤常量元素/指标 Na_2O、K_2O、CaO、MgO、Al_2O_3、Fe_2O_3、Ti 近似正态分布,其余元素/指标均近似于对数正态分布,故在此取全国土壤 A 层的几何平均值作为全国土壤 A 层背景值,与韶关市土壤环境背景值进行对比。与全国土壤 A 层背景值相比(图 5-1,表 5-4),韶关市土壤环境背景值与花岗岩密切相关的稀有稀土元素(Sc、La、Zr 除外)、放射性元素、钨钼族元素(Mo 除外)、亲铜元素和 Al_2O_3 均有不同程度地富集。其中,达强度富集的有 Se、Li、Be、Rb、Th、Pb、Tl、U、Cd、W、Hg、Bi、Sn,相对富集的有 Al_2O_3、B、Ce、Y 共 4 项,表明这些元素/指标在韶关市呈区域性富集;严重贫化的有 CaO、Na_2O、Sr、Cl、MgO、Co、Mn、Ni、I,主要亲铜成矿元素、部分铁族元素、Sc、Mo、Ba、Br 也均不同程度贫化,表明韶关市是这些元素的相对低背景区;其他元素含量与全国土壤 A 层背景值相当。

(2) 在我国"七五"期间的"全国土壤环境背景值调查研究"中,在全国确定的各元素频数分布类型准确的前提下,将各省背景值的取值也按照全国样本的分布类型取值(全国土壤环境监测总站,1990)。本次统计为了方便各统计单元之间的数据比较,广东省土壤 A 层背景值的取值采用与全国相同的方式,即广东省土壤 A 层背景值取广东省土壤 A 层元素含量的几何平均值作为广东省土壤 A 层背景值,与韶关市土壤环境背景值进行对比。与广东省土壤 A 层背景值相比(图 5-1,表 5-5),韶关市土壤富集或较富集的元素有造岩元素、铁族元素(Fe_2O_3、Co、Ni 除外)、稀有稀土元素、钨钼族元素(Mo 除外)、硫化矿床典型元素族(大部分)、分散元素(Ge 除外)、F、B 等,其中强度富集的元素/指标包括 F、Cu、V、Ti、Ga、Pb、Ce、Mn、W、Hg、Zn、Sr、Sb、Tl、MgO、Sn、CaO、Ba、Be、Li、Bi、Rb、Na_2O、K_2O、Cd、B,表明韶关市作为广东省重要的矿产资源产地土壤中聚集了与成矿作用密切相关的成矿元素,形成高背景场;

Mo、I、Br、Ag 等元素相对贫化，铁族元素/指标 Fe_2O_3、Co、Ni、放射性元素 Th 等背景值与广东省土壤背景值相当。

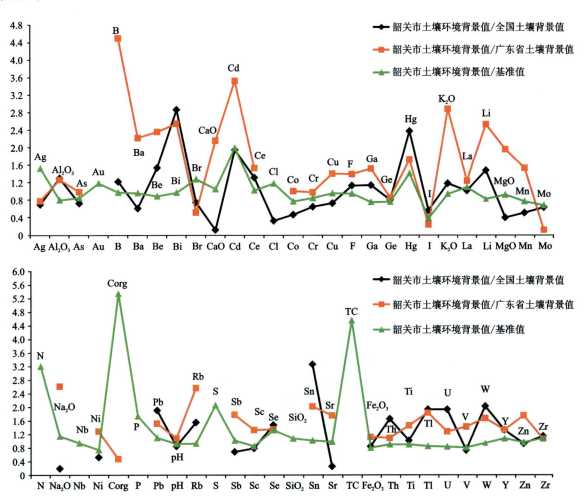

图 5-1　韶关市土壤环境背景值与全国土壤、广东省土壤背景值及全区地球化学基准值比值图

表 5-4　韶关市土壤环境背景值相对全国土壤元素/指标富集与贫化组合

元素/指标	富集(17)$K \geqslant 1.2$	相当(9)$1.2 < K < 0.8$	贫化(19)$K \leqslant 0.8$
造岩元素	Al_2O_3	K_2O	MgO、Na_2O、CaO
铁族元素		Ti、Fe_2O_3	V、Cr、Mn、Ni、Co
稀有稀土元素	Be、Ce、Rb、Li、Y	La、Zr	Sc
放射性元素	U、Th		
钨钼族	Sn、Bi、W		Mo
亲铜成矿元素	Pb、Hg	Zn	As、Ag、Cu、Sb
分散元素	Cd、Se、Tl	Ga、Ge	Ba、Sr
矿化剂及卤族元素	B	F	Br、Cl、I

注：K 为韶关市土壤环境背景值与全国土壤背景值比值。

表 5-5 韶关市土壤环境背景值相对广东省土壤元素/指标富集与贫化组合

元素/指标	富集(33)$K \geqslant 1.2$	相当(8)$1.2 < K < 0.8$	贫化(4)$K \leqslant 0.8$
造岩元素	Al_2O_3、K_2O、MgO、Na_2O、CaO		
铁族元素	Mn、Ti、V、Ni	Fe_2O_3、Cr、Co	
稀有稀土元素	Sc、La、Be、Ce、Rb、Li、Y	Zr	
放射性元素	U	Th	
钨钼族	Sn、Bi、W		Mo
亲铜成矿元素	Cu、Pb、Hg、Zn、Sb	As	Ag
分散元素	Ba、Ga、Cd、Se、Tl、Sr	Ga	
矿化剂及卤族元素	F、B		Br、I

注:K 为韶关市土壤环境背景值与广东省土壤背景值比值。

三、土壤环境背景值与基准值比较

土壤环境背景平均值反映了剔除各种局部因素产生的异常数据后的表层土壤元素含量,与地球化学基准值的比值(背景值/基准值,K)能够反映表层土壤背景平均值相对深层土壤富集或贫化变化情况,这种富集或贫化特征既反映了表生环境下由地质、地球化学、生物富集和成土等作用而产生的富集或贫化,又包含了人类活动影响下造成部分元素含量发生变化这两种因素主导的富集或贫化特征。表层土壤环境背景值与地球化学基准值比值计算结果见图 5-1 和表 5-6。

表 5-6 韶关市土壤环境背景值相对基准值元素/指标富集与贫化组合

元素/指标	富集(10)$K \geqslant 1.2$	相当(37)$1.2 < K < 0.8$	贫化(7)$K \leqslant 0.8$
造岩元素		Na_2O、CaO、K_2O、MgO、Al_2O_3、SiO_2	
铁族元素		Ti、Fe_2O_3、V、Cr	Co、Mn、Ni
稀有稀土元素		La、Ce、Nb、Rb、Be、Sc、Li、Y、Zr	
放射性元素		U、Th	
钨钼族		Bi、Sn、W	Mo
亲铜成矿元素	Ag、Hg	Au、As、Pb、Cu、Sb、Zn	
分散元素	Cd、Se	Ba、Sr、Tl	Ga、Ge
矿化剂及卤族元素	Br、N、P、S	B、Cl、F	I
碳赋存	TC、Corg		
pH		pH	

注:K 为韶关市土壤环境背景值与广东省土壤背景值比值。

由图表可见,韶关市 TC、Corg、N、P、Cd、Se、S、Hg、Ag、Br 共 10 项元素/指标出现表层富集,Ni、I、Co、Mn、Mo 共 5 项元素显示贫化现象,反映表层与深层土壤中这些元素的含量变化较显著。造岩元素、主要铁族元素、稀有稀土元素、放射性元素和钨钼族元素、亲铜成矿元素族等大部分元素以及土壤的酸碱度和表层土壤背景值与深层地球化学基准值相当。上述特征表明,土壤表层中 Ga、Ge、I 等组分淋失,而生物元素和环境元素富集是土壤表层的最基本特点。

第三节 主要成土母质土壤环境背景值

与前述地球化学基准值统计单元一致,按不同成因类型,将韶关市按成土母质单元划分为4个类7个统计单元,即第四纪沉积物成土母质、沉积岩类成土母质(包括紫红色砂页岩类成土母质、砂页岩类成土母质、碳酸盐岩类成土母质)、火成岩类成土母质(花岗岩类成土母质、酸性火山喷出岩类成土母质)、变质岩类成土母质。

按上述划分原则,分别统计7个单元土壤元素环境背景值,并将统计单元土壤元素环境背景值与全区土壤元素环境背景值及全区地球化学基准值比较,分析区内主要成土母质的土壤环境背景值及分布特征。

一、第四纪沉积物成土母质土壤元素环境背景值

韶关市第四纪主要由冲积、洪积等地质作用形成多级阶地,为全新世—更新世的河流冲积相、河流洪冲积相、洪积相等组成,沉积物质主要为砂质黏土、砂、砾等。韶关市第四纪沉积物成土母质土壤元素环境背景值统计结果列于表5-7。

各元素/指标变异性统计结果表明,第四纪沉积物成土母质土壤中元素/指标总体分布较为均匀。其中,SiO_2、Ge、Zr、Y、Ti、Cl及pH共7项元素/指标分布均匀($CV<0.25$),仅W、Mn、Tl、Na_2O、Rb、Cd、Sn、Be、Bi、As、Sb为强度变异,其分布较不均匀($0.50 \leqslant CV < 0.70$);其余36个元素/指标变异系数均在0.25~0.50之间,分布相对较均匀。

表5-7 韶关市第四纪沉积物成土母质土壤环境背景值参数统计表($n=634$)

元素/指标	单位	算数平均值	算数标准差	变异系数	几何平均值	几何标准差	背景值	浓度概率分布类型
Ag	μg/g	0.09	0.038 7	41.09	0.09	1.493 1	0.04~0.19	对数正态
Al_2O_3	%	13.13	3.520 7	26.81	12.67	1.306 9	7.42~21.65	对数正态
As	μg/g	12.99	8.779 7	67.57	10.10	2.131 6	2.22~45.91	偏态
Au	ng/g	1.90	0.892 0	46.88	1.69	1.684 0	0.59~4.74	偏态
B	μg/g	91.87	40.536 5	44.13	81.52	1.713 3	27.77~239.29	偏态
Ba	μg/g	293.37	105.267 8	35.88	273.56	1.473 4	126.00~593.90	偏态
Be	μg/g	2.46	1.598 3	64.97	2.04	1.840 9	0.60~6.90	偏态
Bi	μg/g	0.94	0.618 8	65.80	0.77	1.872 9	0.22~2.70	偏态
Br	μg/g	1.89	0.673 0	35.66	1.77	1.457 4	0.83~3.75	偏态
CaO	%	0.21	0.093 0	43.61	0.19	1.567 8	0.08~0.48	偏态
Cd	μg/g	0.20	0.120 8	60.63	0.17	1.836 0	0.05~0.56	对数正态

续表 5-7

元素/指标	单位	算数平均值	算数标准差	变异系数	几何平均值	几何标准差	背景值	浓度概率分布类型
Ce	μg/g	83.81	22.719 2	27.11	80.84	1.310 2	47.09～138.76	对数正态
Cl	μg/g	47.00	11.597 9	24.68	45.53	1.293 4	27.22～76.17	偏态
Co	μg/g	6.10	2.858 2	46.86	5.43	1.648 9	2.00～14.76	偏态
Corg	%	1.12	0.441 2	39.32	1.03	1.545 5	0.43～2.46	偏态
Cr	μg/g	54.91	21.591 4	39.32	49.76	1.628 2	18.77～131.93	偏态
Cu	μg/g	19.16	6.523 4	34.05	17.97	1.452 8	8.52～37.93	偏态
F	μg/g	516.52	138.714 9	26.86	498.84	1.301 1	294.68～844.44	对数正态
Ga	μg/g	15.46	4.752 2	30.73	14.74	1.367 9	7.88～27.58	偏态
Ge	μg/g	1.37	0.186 0	13.61	1.35	1.145 9	1.03～1.78	对数正态
Hg	μg/g	0.14	0.066 6	48.38	0.12	1.647 2	0.05～0.33	偏态
I	μg/g	0.93	0.348 1	37.46	0.87	1.446 7	0.41～1.82	对数正态
K_2O	%	2.06	0.939 5	45.63	1.85	1.606 2	0.72～4.77	偏态
La	μg/g	39.29	9.962 7	25.36	38.04	1.291 7	22.80～63.47	偏态
Li	μg/g	41.61	16.045 1	38.56	38.46	1.504 0	17.00～87.01	偏态
MgO	%	0.46	0.170 1	36.58	0.43	1.448 5	0.21～0.91	偏态
Mn	μg/g	227.44	119.380 9	52.49	196.03	1.773 4	62.33～616.51	偏态
Mo	μg/g	0.75	0.349 2	46.41	0.68	1.585 7	0.27～1.70	对数正态
N	μg/g	1 087.28	388.741 0	35.75	1 014.72	1.471 1	468.89～2 195.96	偏态
Na_2O	%	0.17	0.096 4	55.80	0.15	1.704 1	0.05～0.43	偏态
Nb	μg/g	20.30	5.288 4	26.05	19.66	1.289 1	11.83～32.67	偏态
Ni	μg/g	16.53	6.749 7	40.83	15.08	1.567 2	6.14～37.04	偏态
P	μg/g	595.08	218.444 8	36.71	554.43	1.470 0	255.22～1 204.40	偏态
Pb	μg/g	41.19	18.483 1	44.87	37.29	1.569 7	15.14～91.88	对数正态
pH		5.87	0.969 9	16.51	5.80	1.169 4	4.24～7.24	偏态
Rb	μg/g	123.92	71.699 8	57.86	106.08	1.747 2	34.75～323.83	对数正态
S	μg/g	227.32	79.606 4	35.02	213.81	1.425 2	105.26～434.31	偏态
Sb	μg/g	1.51	1.057 3	70.22	1.17	2.082 9	0.27～5.07	对数正态
Sc	μg/g	9.00	2.471 6	27.45	8.67	1.324 2	4.94～15.19	偏态
Se	μg/g	0.29	0.096 5	33.13	0.28	1.397 7	0.14～0.54	对数正态
SiO_2	%	71.57	7.054 2	9.86	71.20	1.109 0	57.89～87.57	偏态
Sn	μg/g	7.09	4.432 7	62.48	6.01	1.745 7	1.97～18.32	偏态
Sr	μg/g	37.69	15.257 6	40.48	34.61	1.525 7	14.87～80.57	偏态
TC	%	1.19	0.437 2	36.73	1.11	1.474 0	0.51～2.41	偏态

续表 5-7

元素/指标	单位	算数平均值	算数标准差	变异系数	几何平均值	几何标准差	背景值	浓度概率分布类型
TFe$_2$O$_3$	%	3.66	1.249 2	34.12	3.44	1.440 9	1.66～7.14	偏态
Th	μg/g	15.64	5.344 0	34.17	14.85	1.371 5	7.89～27.93	偏态
Ti	μg/g	4 582.57	1 097.623 5	23.95	4 437.23	1.303 6	2 387.32～6 777.81	正态分布
Tl	μg/g	0.84	0.452 3	53.62	0.74	1.645 5	0.27～2.01	偏态
U	μg/g	3.62	1.497 3	41.40	3.35	1.470 0	1.55～7.24	偏态
V	μg/g	69.70	22.784 3	32.69	65.70	1.434 9	31.91～135.26	偏态
W	μg/g	5.17	2.642 3	51.07	4.59	1.623 0	1.74～12.09	偏态
Y	μg/g	29.94	6.991 1	23.35	29.14	1.263 0	18.27～46.48	对数正态
Zn	μg/g	65.16	22.323 4	34.26	61.35	1.425 1	30.21～124.59	偏态
Zr	μg/g	328.43	60.968 9	18.56	322.55	1.213 4	206.49～450.37	正态分布

注:"变异系数"单位为%。

第四纪沉积物成土母质土壤环境背景值与全区土壤背景值相比(表 5-8、表 5-9),大部分元素/指标背景值与全区土壤背景值相当,其比值变化范围大多在 0.8～1.2 之间,仅 Au、As、CaO、Sb、B 强度富集($K \geqslant 1.4$),表现为高背景,没有显著低背景的元素/指标。

与其他各类成土母质土壤环境背景值相比(表 5-9),第四纪沉积物母质土壤环境背景值较为平均,高低值均不显著,其中背景值为各类成土母质最高值的仅 Zr、Ag,也仅有 K$_2$O、Mn、I 为各类成土母质背景值为最低值。

表 5-8 各成土母质土壤环境背景值最高值与最低值元素/指标统计

成土母质单元		全区背景最高元素/指标	全区背景最低元素/指标
第四纪沉积物成土母质		Zr、Ag	K$_2$O、Mn、I
沉积岩类成土母质	紫红色砂页岩类成土母质	Sr、SiO$_2$	U、Al$_2$O$_3$、Y、Hg、Ga、Ce、S、Zn、N、TC、P、Corg、Mo、Sc、Se、Br
	砂页岩类成土母质		Rb、Tl、Pb、Be、Li、Ag
	碳酸盐岩类成土母质	CaO、pH、F、Hg、S、Cd、B、Au、Sb、Cr、As	Sn、Cl、Ba
火成岩类成土母质	花岗岩类成土母质	Na$_2$O、Sn、U、Bi、Rb、Tl、Th、Pb、Be、W、Nb、K$_2$O、Li、Ge、Al$_2$O$_3$、Y、Ga、La、Ce、Cl	pH、Cd、B、Ti、MgO、Au、Fe$_2$O$_3$、V、Sb、Cu、Cr、Ni、Co、As
	酸性火山喷出岩类成土母质	Zn、N、TC、P、Corg、Ti、Sc、MgO、Fe$_2$O$_3$、Mn、V、Ni、Co、I	Na$_2$O、Bi、Th、Nb、F、Zr、La、SiO$_2$
变质岩类成土母质		Mo、Ba、Se、Cu、Br	Sr、CaO、W、Ge

表 5-9 各成土母质土壤背景值与全区土壤环境背景值比值统计

成土母质单元		$K\leqslant 0.6$	$0.6<K\leqslant 0.8$	$0.8<K<1.2$	$1.2\leqslant K<1.4$	$K\geqslant 1.4$
第四纪沉积物成土母质			U、I、Rb、Tl、Br、Th、K_2O、Be、Mn	Sn、Ga、Pb、Na_2O、Al_2O_3、Bi、Se、Corg、TC、Mo、Li、Nb、N、Ce、Zn、Ba、Cl、Ge、F、La、S、Y、MgO、Co、W、Sc、Fe_2O_3、SiO_2、pH、Sr、Ag、Cd、P、V、Zr	Ti、Cu、Ni、Hg、Cr	Au、As、CaO、Sb、B
沉积岩类成土母质	紫红色砂页岩类成土母质	U	Sn、Th、I、Br、Bi、Mo、Se、Ga、Hg、Pb、Corg、Al_2O_3、Be、TC、Nb、Tl、Rb、N、W	Mn、Ce、P、As、Zn、Sc、S、Y、K_2O、La、Fe_2O_3、Cl、Ge、V、F、Zr、Ti、Ba、Au、Ni、Ag、pH、Co、SiO_2、Li、Cd、Sb、Cr、Na_2O、Cu、B	CaO、MgO、Sr	
	砂页岩类成土母质	Sn、U、Rb、Be	Tl、Na_2O、Th、Bi、Pb、K_2O、W、Li	Nb、CaO、Ga、Ce、Al_2O_3、La、Zn、Y、Sr、Ag、Cd、Mn、pH、F、Cl、SiO_2、S、Ba、P、Ge、Corg、MgO、Mo、TC、N、Hg、Zr、Sc、Cu	Ti、Co、Fe_2O_3、Se、Ni、V、Au	Br、Cr、B、As、Sb、I
	碳酸盐岩类成土母质	Sn	U、Rb、Th、Be、Tl、Bi、Na_2O、K_2O	Nb、Pb、Cl、W、Y、Ce、Ba、Ga、La、Al_2O_3、SiO_2、Ge、Li、Ag、Zr、S、TC、Br、Corg、pH、Mo、P、Sr、Sc、N	Zn、Mn、Se、Ti、Hg	Fe_2O_3、Cu、Au、MgO、V、F、I、Co、Ni、CaO、Cr、B、Cd、As、Sb
火成岩类成土母质	花岗岩类成土母质	B、Cr、As、Ni、Sb、Au	Cu、V、Co、Fe_2O_3、MgO、Ti	Sc、Cd、P、pH、CaO、Hg、Zr、Se、SiO_2、Ba、Ag、N、F、Sr、S、Zn、Ge、Br、TC、Mn、Corg、Cl、Mo	Li、I、Y、Al_2O_3、La、Ce、Ga、Nb	W、Pb、K_2O、Na_2O、Tl、Th、Be、Rb、Sn、U、Bi
	酸性火山喷出岩类成土母质	Na_2O	U、Bi、Th、Rb、Pb、Sn、Nb、K_2O、Be	W、Ce、Hg、Tl、La、Sr、F、Y、Zr、B、pH、SiO_2、Ge、Ag、Cd、Al_2O_3、Mo、S、Ga、Cl、Se、Au、P	Li、N、TC、Corg、Ti、Zn、Ba	CaO、Sb、Cu、MgO、Fe_2O_3、Sc、Mn、Br、V、Cr、Ni、Co、As、I
变质岩类成土母质		Na_2O	Sn、Sr、CaO、U、Bi、Rb、Tl、Th、Pb、Be、W、Nb	K_2O、Li、pH、Ge、F、Al_2O_3、Y、Hg、Ga、Zr、La、SiO_2、Ce、Cl、Ag、S、Cd、Zn、N、TC、B、P、Corg、Ti	Mo、Sc、Ba、Se	MgO、Au、Fe_2O_3、Mn、V、Sb、Cu、Cr、Ni、Co、I、As

二、沉积岩类成土母质土壤元素环境背景值

本次背景值调查将韶关市全区沉积岩类成土母质划分为3个统计单元,即紫红色砂页岩类成土母质、砂页岩类成土母质、碳酸盐岩类成土母质。

1. 紫红色砂页岩类成土母质

紫红色砂页岩类成土母质主要分布于坪石镇、仁化盆地、南雄盆地一带,原岩多为紫红色复成分砾岩、含砾砂岩、紫红色钙屑钙质粉砂岩、粉砂质泥岩等,其土壤元素背景值统计结果列于表5-10。

各元素变异性统计结果表明,紫红色砂页岩类成土母质土壤中元素/指标总体分布较为均匀,除去 N、Hg、Corg、Co、As、Mn、Cd、Na_2O 为强度变异,分布较不均匀($0.50 \leqslant CV < 0.63$)外,其余46项元素/指标变异系数均低于0.50,分布均匀程度达到相对较均匀以上,其中 SiO_2、Ge、Zr 及 pH 4项变异系数更是低于0.25,分布达到均匀的程度。

表5-10 韶关市紫红色砂页岩类成土母质土壤环境背景值参数统计表($n=409$)

元素/指标	单位	算数平均值	算数标准差	变异系数	几何平均值	几何标准差	背景值	浓度概率分布类型
Ag	μg/g	0.09	0.023 2	26.76	0.08	1.316 8	0.05~0.14	偏态
Al_2O_3	%	11.73	3.130 8	26.69	11.32	1.308 0	6.62~19.37	对数正态
As	μg/g	6.53	3.724 4	57.07	5.56	1.787 8	1.74~17.76	偏态
Au	ng/g	1.37	0.603 8	43.97	1.24	1.611 6	0.48~3.21	偏态
B	μg/g	62.33	25.399 7	40.75	56.91	1.567 3	23.16~139.79	偏态
Ba	μg/g	305.60	99.085 9	32.42	288.94	1.412 3	144.87~576.28	偏态
Be	μg/g	2.37	1.116 3	47.06	2.12	1.636 0	0.79~5.66	偏态
Bi	μg/g	0.67	0.306 6	46.08	0.60	1.565 6	0.25~1.47	对数正态
Br	μg/g	1.84	0.786 5	42.72	1.67	1.565 0	0.68~4.10	偏态
CaO	%	0.18	0.091 5	50.00	0.16	1.742 4	0.05~0.48	偏态
Cd	μg/g	0.19	0.114 4	59.86	0.16	1.865 9	0.05~0.55	对数正态
Ce	μg/g	73.92	26.358 7	35.66	69.30	1.441 2	33.37~143.95	偏态
Cl	μg/g	44.92	12.540 5	27.92	43.14	1.338 4	24.08~77.27	偏态
Co	μg/g	6.81	3.878 1	56.99	5.81	1.762 0	1.87~18.05	对数正态
Corg	%	1.03	0.559 3	54.52	0.87	1.861 8	0.25~3.01	偏态
Cr	μg/g	43.86	16.619 6	37.89	40.49	1.515 7	17.63~93.03	偏态
Cu	μg/g	18.59	7.118 7	38.29	17.20	1.499 8	7.65~38.68	偏态
F	μg/g	521.35	169.189 0	32.45	494.84	1.384 2	258.36~947.80	对数正态
Ga	μg/g	13.60	4.560 2	33.52	12.86	1.402 1	6.54~25.29	对数正态
Ge	μg/g	1.30	0.156 8	12.02	1.30	1.127 6	1.02~1.65	对数正态
Hg	μg/g	0.08	0.040 2	52.01	0.07	1.694 1	0.02~0.19	对数正态

续表 5-10

元素/指标	单位	算数平均值	算数标准差	变异系数	几何平均值	几何标准差	背景值	浓度概率分布类型
I	μg/g	0.99	0.465 2	47.21	0.89	1.584 0	0.35～2.22	对数正态
K_2O	%	2.36	0.953 9	40.34	2.16	1.557 1	0.89～5.24	偏态
La	μg/g	36.70	12.702 6	34.61	34.55	1.422 9	17.07～69.95	偏态
Li	μg/g	49.98	18.356 4	36.72	46.86	1.431 0	22.88～95.96	对数正态
MgO	%	0.67	0.330 4	49.27	0.60	1.608 0	0.23～1.55	对数正态
Mn	μg/g	239.36	140.516 1	58.70	201.94	1.810 4	61.61～661.86	对数正态
Mo	μg/g	0.56	0.245 1	43.59	0.51	1.523 6	0.22～1.19	对数正态
N	μg/g	991.95	498.863 8	50.29	874.09	1.671 9	312.70～2 443.32	偏态
Na_2O	%	0.26	0.163 4	63.35	0.21	1.921 5	0.06～0.78	对数正态
Nb	μg/g	17.08	4.823 4	28.24	16.39	1.337 8	9.16～29.34	偏态
Ni	μg/g	14.88	7.298 4	49.04	13.17	1.654 7	4.81～36.07	对数正态
P	μg/g	424.97	185.140 5	43.57	384.67	1.581 4	153.82～962.01	偏态
Pb	μg/g	34.45	11.316 5	32.85	32.76	1.368 4	17.50～61.35	对数正态
pH		6.09	1.198 6	19.68	5.98	1.208 3	4.09～8.73	偏态
Rb	μg/g	142.43	63.587 6	44.65	128.63	1.588 3	50.99～324.50	偏态
S	μg/g	194.27	91.147 9	46.92	175.98	1.551 8	73.08～423.78	偏态
Sb	μg/g	0.93	0.444 8	47.90	0.83	1.619 5	0.32～2.17	对数正态
Sc	μg/g	7.41	2.753 1	37.17	6.89	1.475 2	3.17～15.00	偏态
Se	μg/g	0.23	0.088 6	37.70	0.22	1.454 5	0.10～0.46	对数正态
SiO_2	%	74.27	7.810 2	10.52	73.83	1.116 1	59.27～91.97	偏态
Sn	μg/g	5.18	2.348 2	45.34	4.72	1.532 2	2.01～11.07	偏态
Sr	μg/g	47.17	17.824 3	37.79	43.85	1.474 4	20.17～95.33	偏态
TC	%	1.10	0.538 7	49.05	0.97	1.650 8	0.36～2.65	偏态
TFe_2O_3	%	3.32	1.453 8	43.80	3.00	1.581 5	1.20～7.51	偏态
Th	μg/g	14.63	5.790 5	39.58	13.57	1.475 6	6.23～29.55	对数正态
Ti	μg/g	3 742.00	1 109.872 3	29.66	3 561.62	1.385 8	1 522.25～5 961.74	正态分布
Tl	μg/g	0.93	0.378 3	40.80	0.86	1.492 9	0.38～1.91	对数正态
U	μg/g	3.18	1.470 3	46.26	2.87	1.568 1	1.17～7.06	对数正态
V	μg/g	57.81	21.778 0	37.67	53.54	1.497 8	23.87～120.12	偏态
W	μg/g	3.92	1.704 8	43.54	3.56	1.558 7	1.47～8.65	对数正态
Y	μg/g	25.45	7.459 9	29.32	24.31	1.362 2	13.10～45.11	偏态
Zn	μg/g	55.44	20.169 7	36.38	51.90	1.444 0	24.89～108.21	对数正态
Zr	μg/g	282.29	69.401 7	24.58	273.57	1.290 1	164.37～455.32	偏态

注："变异系数"单位为%。

与其他各类成土母质土壤环境背景值相比(表5-8),紫红色砂页岩类成土母质土壤环境背景值以含有最多最低值元素/指标为特点。其中,U、Al_2O_3、Y、Hg、Ga、Ce、S、Zn、N、TC、P、Corg、Mo、Sc、Se、Br各类成土母质背景值为最低值,背景值为各类成土母质最高值的仅Sr、SiO_2。

紫红色砂页岩类成土母质土壤环境背景值与全区土壤背景值相比(表5-9),与全区土壤背景值相当的元素/指标占大多数,其比值K变化范围大多在0.8~1.2之间,没有强度富集的元素/指标,仅CaO、MgO、Sr表现中弱富集(K=1.2~1.4),表现中弱贫化的元素/指标包括Sn、Th、I、Br、Bi、Mo、Se、Ga、Hg、Pb、Corg、Al_2O_3、Be、TC、Nb、Tl、Rb、N、W、U表现出显著低背景(K=0.53)。

2. 砂页岩类成土母质

砂页岩类成土母质主要分布于韶关市东、翁源县周边、大布镇、始兴县南、乐昌市—必背镇一带,原岩多为灰色—灰黄色层状石英砂岩、岩屑细砂岩、粉砂岩、泥岩粉砂质、泥页岩等。砂页岩类成土母质土壤环境背景值统计结果列于表5-11。

表5-11 韶关市砂页岩类成土母质土壤环境背景值参数统计表(n=594)

元素/指标	单位	算数平均值	算数标准差	变异系数	几何平均值	几何标准差	背景值	浓度概率分布类型
Ag	μg/g	0.08	0.035 1	44.16	0.07	1.567 4	0.03~0.18	偏态
Al_2O_3	%	13.87	3.701 9	26.68	13.37	1.321 0	7.66~23.32	偏态
As	μg/g	15.91	10.147 0	63.78	12.75	2.024 6	3.11~52.27	偏态
Au	ng/g	1.86	0.914 6	49.15	1.65	1.661 9	0.60~4.55	偏态
B	μg/g	101.74	51.525 8	50.64	87.77	1.795 7	27.22~283.02	偏态
Ba	μg/g	303.29	106.907 7	35.25	283.18	1.471 0	130.87~612.75	偏态
Be	μg/g	1.79	0.719 1	40.11	1.65	1.516 8	0.72~3.80	偏态
Bi	μg/g	0.69	0.323 1	47.16	0.61	1.606 7	0.24~1.59	对数正态
Br	μg/g	4.86	3.547 0	72.99	3.71	2.113 3	0.83~16.59	对数正态
CaO	%	0.14	0.082 0	59.95	0.11	1.938 6	0.03~0.42	偏态
Cd	μg/g	0.17	0.106 4	63.57	0.14	1.919 5	0.04~0.50	对数正态
Ce	μg/g	78.29	20.690 1	26.43	75.53	1.312 5	43.85~130.11	偏态
Cl	μg/g	48.25	14.666 0	30.40	46.11	1.353 0	25.19~84.40	对数正态
Co	μg/g	8.31	5.308 2	63.91	6.67	2.013 7	1.64~27.04	偏态
Corg	%	1.38	0.635 9	45.98	1.24	1.642 4	0.46~3.34	偏态
Cr	μg/g	63.31	22.361 3	35.32	58.99	1.489 7	26.58~130.92	偏态
Cu	μg/g	19.26	7.297 0	37.89	17.72	1.542 6	7.45~42.17	偏态
F	μg/g	520.36	172.757 1	33.20	493.11	1.389 7	255.32~952.35	对数正态
Ga	μg/g	16.56	5.147 1	31.08	15.73	1.391 8	8.12~30.47	偏态
Ge	μg/g	1.44	0.221 0	15.38	1.42	1.164 8	1.05~1.93	对数正态
Hg	μg/g	0.11	0.047 0	42.14	0.10	1.553 0	0.04~0.25	偏态
I	μg/g	4.72	4.558 0	96.67	2.87	2.809 0	0.36~22.66	对数正态

续表 5-11

元素/指标	单位	算数平均值	算数标准差	变异系数	几何平均值	几何标准差	背景值	浓度概率分布类型
K_2O	%	2.04	0.732 0	35.86	1.91	1.466 5	0.89～4.10	偏态
La	μg/g	35.19	8.920 8	25.35	34.02	1.306 9	19.92～58.11	偏态
Li	μg/g	38.99	18.729 3	48.04	34.23	1.719 2	11.58～101.18	偏态
MgO	%	0.50	0.213 1	42.39	0.46	1.550 0	0.19～1.10	偏态
Mn	μg/g	316.11	228.291 5	72.22	238.87	2.192 4	49.70～1 148.21	偏态
Mo	μg/g	0.92	0.440 9	47.79	0.82	1.631 6	0.31～2.19	偏态
N	μg/g	1 280.19	499.622 8	39.03	1 182.69	1.508 1	519.98～2 690.03	偏态
Na_2O	%	0.13	0.059 3	46.45	0.12	1.551 1	0.05～0.28	偏态
Nb	μg/g	18.25	3.687 9	20.20	17.88	1.227 8	11.86～26.95	偏态
Ni	μg/g	18.62	8.125 9	43.64	16.82	1.596 1	6.60～42.86	偏态
P	μg/g	520.77	203.847 1	39.14	482.03	1.491 8	216.59～1 072.75	偏态
Pb	μg/g	34.37	15.148 9	44.08	31.05	1.592 7	12.24～78.76	偏态
pH		5.42	0.987 2	18.22	5.34	1.183 0	3.82～7.47	偏态
Rb	μg/g	104.10	37.674 1	36.19	96.85	1.488 2	43.73～214.49	偏态
S	μg/g	227.37	74.280 6	32.67	215.33	1.398 3	110.13～421.06	偏态
Sb	μg/g	1.91	1.266 5	66.33	1.52	2.003 8	0.38～6.11	对数正态
Sc	μg/g	10.19	3.247 3	31.87	9.65	1.402 9	4.91～19.00	偏态
Se	μg/g	0.48	0.240 3	49.95	0.43	1.632 3	0.16～1.14	对数正态
SiO_2	%	68.58	8.047 3	11.73	68.07	1.134 0	52.93～87.53	偏态
Sn	μg/g	4.32	1.337 9	30.94	4.13	1.356 7	2.24～7.60	对数正态
Sr	μg/g	33.13	17.693 9	53.41	28.79	1.712 1	9.82～84.38	对数正态
TC	%	1.52	0.725 1	47.59	1.36	1.620 5	0.52～3.58	偏态
TFe_2O_3	%	4.46	1.577 9	35.39	4.16	1.465 5	1.94～8.94	偏态
Th	μg/g	14.16	3.250 1	22.96	13.78	1.264 5	8.62～22.03	偏态
Ti	μg/g	4 610.48	1 180.403 6	25.60	4 450.83	1.315 1	2 573.51～7 697.61	偏态
Tl	μg/g	0.74	0.279 0	37.53	0.69	1.456 5	0.33～1.47	对数正态
U	μg/g	3.21	0.980 8	30.52	3.07	1.355 3	1.67～5.64	对数正态
V	μg/g	82.09	27.549 3	33.56	77.35	1.426 6	38.01～157.41	偏态
W	μg/g	3.82	1.542 5	40.39	3.53	1.486 6	1.60～7.81	对数正态
Y	μg/g	26.88	6.063 1	22.56	26.18	1.263 8	16.39～41.81	偏态
Zn	μg/g	62.36	26.545 1	42.57	56.57	1.582 5	22.59～141.66	偏态
Zr	μg/g	292.90	54.399 7	18.57	287.69	1.212 1	184.10～401.70	正态分布

注:"变异系数"单位为%。

各元素变异性统计结果表明,砂页岩类成土母质土壤中元素/指标总体分布还是以较均匀为主,变异系数低于 0.50 的元素/指标数量多达 44 项。其中,SiO_2、Ge、pH、Zr、Nb、Y、Th 的变异系数更是低于 0.25,分布达到均匀的程度,仅 I 的变异系数为 0.96,为高度变异,表现出分布不均匀。

与其他各类成土母质土壤环境背景值相比(表 5-8),砂页岩类成土母质土壤元素/指标环境背景值以不含最高值元素/指标为特点,各类成土母质中背景值最低值元素包括 Rb、Tl、Pb、Be、Li、Ag,主要为稀有稀土元素及亲铜成矿元素。

砂页岩类成土母质土壤背景值与全区土壤背景值相比(表 5-9),砂页岩类成土母质土壤背景值富集、相当、贫化的元素/指标均占有相当的数量,表明与全区土壤元素背景值差异较为显著。其中,Sn、U、Rb、Be 为强度贫化,表现为低背景;Tl、Na_2O、Th、Bi、Pb、K_2O、W、Li 为中弱贫化,比值在 0.6~0.8 之间;Ti、Co、Fe_2O_3、Se、Ni、V、Au、Br、Cr、B、As、Sb、I 表现为高背景,其中 Br、Cr、B、As、Sb、I 的比值均大于 1.4,为强度富集元素。

3. 碳酸盐岩类成土母质

碳酸盐岩类成土母质主要分布于大桥镇—沙坪镇一带及乳源县周边,原岩多为灰白色—灰色—灰黑色灰岩、白云岩、白云质灰岩、灰质白云岩、生物屑灰岩、泥质灰岩、硅质岩等。碳酸盐岩类成土母质土壤环境背景值统计结果列于表 5-12。

表 5-12 韶关市碳酸盐岩类成土母质土壤环境背景值参数统计表($n=404$)

元素/指标	单位	算数平均值	算数标准差	变异系数	几何平均值	几何标准差	背景值	浓度概率分布类型
Ag	μg/g	0.09	0.038 3	44.09	0.08	1.551 2	0.03~0.19	对数正态
Al_2O_3	%	14.03	3.522 1	25.11	13.59	1.292 3	8.13~22.69	偏态
As	μg/g	24.22	16.229 4	67.01	19.13	2.070 6	4.46~82.03	偏态
Au	ng/g	1.96	1.042 9	53.10	1.69	1.788 4	0.53~5.40	偏态
B	μg/g	112.21	50.106 3	44.66	99.76	1.688 2	35.00~284.32	偏态
Ba	μg/g	264.41	92.811 0	35.10	248.29	1.434 7	120.63~511.06	偏态
Be	μg/g	2.02	0.804 8	39.84	1.87	1.502 5	0.83~4.21	偏态
Bi	μg/g	0.70	0.268 2	38.27	0.65	1.487 9	0.29~1.44	偏态
Br	μg/g	3.30	1.818 8	55.13	2.83	1.789 5	0.88~9.05	偏态
CaO	%	0.30	0.194 1	65.52	0.24	2.009 6	0.06~0.96	偏态
Cd	μg/g	0.40	0.265 5	67.01	0.31	2.175 6	0.06~1.45	偏态
Ce	μg/g	78.03	17.683 2	22.66	75.92	1.271 2	46.98~122.69	偏态
Cl	μg/g	42.20	12.844 0	30.44	40.18	1.379 1	21.13~76.42	偏态
Co	μg/g	10.60	5.344 5	50.43	9.06	1.840 4	2.68~30.69	偏态
Corg	%	1.44	0.615 1	42.74	1.31	1.573 4	0.53~3.24	偏态
Cr	μg/g	68.75	23.375 1	34.00	64.02	1.507 1	22.00~115.50	正态分布
Cu	μg/g	22.60	7.988 4	35.34	21.10	1.479 5	9.64~46.18	偏态
F	μg/g	830.27	378.559 5	45.59	749.28	1.581 8	299.46~1 874.75	对数正态
Ga	μg/g	16.86	5.226 0	30.99	16.07	1.371 1	8.55~30.20	偏态
Ge	μg/g	1.36	0.218 4	16.08	1.34	1.176 2	0.97~1.85	偏态
Hg	μg/g	0.15	0.067 5	46.36	0.13	1.633 7	0.05~0.35	偏态

续表 5-12

元素/指标	单位	算数平均值	算数标准差	变异系数	几何平均值	几何标准差	背景值	浓度概率分布类型
I	μg/g	3.58	3.376 5	94.28	2.31	2.579 8	0.35～15.38	偏态
K$_2$O	%	2.05	0.784 4	38.35	1.89	1.496 8	0.85～4.24	偏态
La	μg/g	35.14	8.337 5	23.72	34.13	1.279 3	20.85～55.86	偏态
Li	μg/g	46.46	20.244 9	43.57	42.25	1.558 9	17.39～102.69	偏态
MgO	%	0.68	0.290 9	42.61	0.62	1.551 4	0.26～1.50	偏态
Mn	μg/g	403.64	289.661 5	71.76	309.12	2.142 0	67.37～1 418.37	偏态
Mo	μg/g	1.01	0.468 3	46.42	0.90	1.638 3	0.34～2.42	偏态
N	μg/g	1 418.71	526.055 9	37.08	1 317.54	1.498 4	586.85～2 958.02	偏态
Na$_2$O	%	0.15	0.065 0	44.13	0.13	1.536 1	0.06～0.32	对数正态
Nb	μg/g	18.68	3.716 8	19.90	18.30	1.227 5	12.15～27.57	偏态
Ni	μg/g	23.95	10.371 1	43.30	21.45	1.654 6	7.84～58.73	偏态
P	μg/g	598.83	245.553 8	41.01	551.00	1.512 0	241.03～1 259.61	对数正态
Pb	μg/g	42.37	17.240 3	40.69	39.06	1.504 8	17.25～88.45	对数正态
pH		6.35	1.203 7	18.94	6.24	1.210 1	3.95～8.76	正态分布
Rb	μg/g	108.53	37.273 0	34.34	101.95	1.440 5	49.13～211.53	偏态
S	μg/g	245.02	80.075 8	32.68	232.47	1.386 0	121.02～446.55	对数正态
Sb	μg/g	3.25	2.669 0	82.13	2.35	2.301 3	0.44～12.42	对数正态
Sc	μg/g	10.44	3.127 0	29.95	9.94	1.389 3	5.15～19.18	偏态
Se	μg/g	0.44	0.161 8	37.13	0.40	1.494 3	0.18～0.90	偏态
SiO$_2$	%	66.39	9.003 8	13.56	65.71	1.159 9	48.84～88.41	偏态
Sn	μg/g	4.27	1.201 2	28.11	4.10	1.340 0	2.28～7.37	偏态
Sr	μg/g	41.66	19.475 4	46.75	37.06	1.651 2	13.59～101.04	偏态
TC	%	1.53	0.638 9	41.89	1.39	1.544 1	0.58～3.32	偏态
TFe$_2$O$_3$	%	4.70	1.514 5	32.23	4.42	1.452 8	1.67～7.73	正态分布
Th	μg/g	13.86	2.927 9	21.13	13.53	1.248 5	8.00～19.71	正态分布
Ti	μg/g	4 724.45	1 149.710 3	24.34	4 557.88	1.331 9	2 569.45～8 085.10	偏态
Tl	μg/g	0.83	0.316 8	38.33	0.77	1.463 5	0.36～1.65	对数正态
U	μg/g	3.41	1.004 4	29.43	3.26	1.354 5	1.78～5.99	偏态
V	μg/g	86.13	28.349 0	32.91	80.82	1.465 3	37.64～173.53	偏态
W	μg/g	4.24	1.830 8	43.15	3.90	1.505 9	1.72～8.83	对数正态
Y	μg/g	26.25	6.787 0	25.85	25.40	1.295 0	15.14～42.59	对数正态
Zn	μg/g	83.73	32.688 0	39.04	76.95	1.538 2	32.52～182.07	偏态
Zr	μg/g	278.82	56.165 0	20.14	272.78	1.240 7	166.49～391.15	正态分布

注："变异系数"单位为%。

各元素/指标变异性统计结果表明,碳酸盐岩类成土母质土壤中元素/指标总体分布以较均匀为主,变异系数低于 0.50 的元素/指标达 45 项,是 7 类成土母质中元素/指标最多的,表明碳酸盐岩类成土母质土壤元素/指标背景值在 7 类成土母质中分布是最均匀的;其余元素/指标中 Co、Au、Br、CaO、Cd、As、Mn 的变异系数介于 0.50～0.72 之间,分布较不均匀;另有 Sb、I 的变异系数分别达 0.82、0.94,为高度变异,表现出分布不均匀。

与其他各类成土母质土壤环境背景值相比(表 5-8),碳酸盐岩类成土母质土壤环境背景值的碱性是最高的,pH 平均达 6.35。各类成土母质土壤中,碳酸盐岩类成土母质土壤背景值最高值元素/指标包括 CaO、pH、F、Hg、S、Cd、B、Au、Sb、Cr、As,各类成土母质中背景值最低值元素为 Sn、Cl、Ba。

碳酸盐岩类成土母质土壤背景值与全区土壤背景值相比(表 5-9),碳酸盐岩类成土母质土壤背景值以强度富集元素/指标最多为特点,比值大于 1.4 的元素/指标有 15 个,主要为铁族元素/指标(Fe_2O_3、V、Co、Ni、Cr)、亲铜成矿元素(Cu、Au、As、Sb)、造岩元素(MgO、CaO)、矿化剂及卤族元素(F、I、B)和 Cd 比值大于 1.2,表现富集的元素还有 Zn、Mn、Se、Ti、Hg,强度贫化的元素仅 Sn,其余元素/指标背景值表现基本与全区土壤相当或中弱贫化。

三、火成岩类成土母质土壤元素环境背景值

在进行背景值调查参数统计时,韶关市火成岩类成土母质可划分为两个统计单元,即花岗岩类成土母质和酸性火山喷出岩类成土母质。

1. 花岗岩类成土母质

韶关市酸性岩浆岩分布主要为韶关市北部、北东部的诸广山岩体,中西、西南部的大东山岩体,中东部的贵东岩体及南部佛冈岩体。岩体均属中深成相中酸性—酸性侵入岩,岩性主要为黑云母二长花岗岩。韶关市花岗岩类成土母质土壤元素背景值统计结果列于表 5-13。

各元素/指标变异性统计结果表明,花岗岩类成土母质土壤中元素/指标总体分布较均匀,变异系数在 0.25～0.50 之间的有 34 项;另有 SiO_2、Ge、Al_2O_3 及 pH 共 4 项元素/指标分布均匀($CV<0.25$);Sr、Be、CaO、B、Cu、Na_2O、V、Li、Sn、Ba、Co、As、W、Br、Bi 为强度变异,分布较不均匀($0.5 \leqslant CV<0.68$);仅 I 的变异系数达 0.81,为高度变异,表现出分布不均匀。

与其他各类成土母质土壤环境背景值相比(表 5-8),花岗岩类成土母质土壤环境背景值的酸性是最为强烈的,pH 低至 4.99。花岗岩类成土母质土壤环境背景值以包含最多数量的背景最高值与最低值元素/指标为特点。其中,背景最高值元素/指标有 20 项,主要是放射性元素(U、Th)、造岩元素(Na_2O、K_2O、Al_2O_3)、稀有稀土元素(Be、La、Ce、Y、Nb、Rb、Li)、钨钼族元素(Sn、Bi、W)、分散元素(Tl、Ge、Ga)以及 Pb、Cl;背景最低元素/指标包括 pH、Cd、B、Ti、MgO、Au、Fe_2O_3、V、Sb、Cu、Cr、Ni、Co、As,以铁族元素和亲铜成矿元素为主。

花岗岩类成土母质土壤背景值与全区土壤背景值相比(表 5-9),土壤背景值富集、相当、贫化的元素均占有相当的数量。其中,W、Pb、K_2O、Na_2O、Tl、Th、Be、Rb、Sn、U、Bi 表现为强度富集,比值均大于 1.4,表现出富集特点的还有 Li、I、Y、Al_2O_3、La、Ce、Ga、Nb,比值均大于 1.2,这些元素/指标大多是与岩浆岩密切相关的放射性元素及稀有稀土元素;另外,B、Cr、As、Ni、Sb、Au 显示强度贫化,背景值与全区比值均小于 0.6,B 的比值更是低至 0.36。

表 5-13 韶关市花岗岩类母质土壤环境背景值参数统计表（$n=1426$）

元素/指标	单位	算数平均值	算数标准差	变异系数	几何平均值	几何标准差	背景值	浓度概率分布类型
Ag	μg/g	0.08	0.033 5	40.23	0.08	1.508 8	0.03～0.18	偏态
Al₂O₃	%	19.93	3.543 5	17.78	19.61	1.201 8	13.57～28.32	偏态
As	μg/g	3.79	2.150 4	56.78	3.23	1.780 5	1.02～10.23	对数正态
Au	ng/g	0.77	0.354 4	45.93	0.70	1.579 6	0.28～1.74	对数正态
B	μg/g	19.63	10.090 1	51.40	17.30	1.659 2	6.28～47.62	对数正态
Ba	μg/g	324.96	179.996 4	55.39	274.09	1.856 7	79.51～944.86	偏态
Be	μg/g	6.22	3.166 4	50.94	5.44	1.699 6	1.88～15.71	偏态
Bi	μg/g	2.55	1.730 3	67.79	2.01	2.049 2	0.48～8.45	偏态
Br	μg/g	3.37	2.225 4	66.09	2.75	1.894 2	0.77～9.86	对数正态
CaO	%	0.14	0.069 8	51.30	0.12	1.750 6	0.04～0.36	偏态
Cd	μg/g	0.14	0.059 1	42.76	0.13	1.602 8	0.05～0.32	偏态
Ce	μg/g	123.62	48.797 8	39.47	114.20	1.500 0	50.75～256.95	偏态
Cl	μg/g	52.33	13.303 4	25.42	50.67	1.290 9	30.41～84.45	偏态
Co	μg/g	4.04	2.268 0	56.16	3.45	1.770 3	1.10～10.81	对数正态
Corg	%	1.40	0.541 6	38.76	1.28	1.546 1	0.54～3.07	偏态
Cr	μg/g	16.38	7.239 2	44.19	14.89	1.556 6	6.14～36.07	偏态
Cu	μg/g	10.23	5.258 5	51.42	8.92	1.707 8	3.06～26.03	偏态
F	μg/g	521.81	149.540 5	28.66	501.43	1.325 7	285.31～881.25	对数正态
Ga	μg/g	24.84	4.959 3	19.97	24.32	1.233 6	14.92～34.75	正态分布
Ge	μg/g	1.48	0.235 4	15.87	1.47	1.171 2	1.07～2.01	对数正态
Hg	μg/g	0.09	0.036 7	39.01	0.09	1.487 0	0.04～0.19	偏态
I	μg/g	2.30	1.872 4	81.42	1.72	2.106 0	0.39～7.64	偏态
K₂O	%	4.15	1.125 8	27.16	3.96	1.377 5	2.09～7.52	偏态
La	μg/g	56.19	27.653 7	49.21	49.70	1.661 7	18.00～137.24	偏态
Li	μg/g	60.93	31.772 0	52.14	52.92	1.724 3	17.80～157.34	偏态
MgO	%	0.35	0.147 9	42.25	0.32	1.534 2	0.14～0.75	偏态
Mn	μg/g	298.72	138.425 2	46.34	268.50	1.596 8	105.30～684.64	对数正态
Mo	μg/g	0.94	0.435 3	46.08	0.85	1.564 6	0.35～2.09	对数正态
N	μg/g	1 191.95	428.825 0	35.98	1 108.28	1.495 4	495.6～2 478.41	偏态
Na₂O	%	0.35	0.181 4	51.44	0.31	1.730 2	0.10～0.92	偏态
Nb	μg/g	30.98	7.922 0	25.57	29.94	1.306 4	17.54～51.09	偏态
Ni	μg/g	6.89	2.844 3	41.27	6.35	1.502 5	2.81～14.33	对数正态
P	μg/g	473.30	208.748 3	44.11	424.78	1.629 0	160.07～1 127.22	偏态
Pb	μg/g	70.89	19.517 5	27.53	67.98	1.351 3	37.23～124.13	偏态

续表 5-13

元素/指标	单位	算数平均值	算数标准差	变异系数	几何平均值	几何标准差	背景值	浓度概率分布类型
pH		5.00	0.339 5	6.79	4.99	1.069 6	4.36～5.71	偏态
Rb	μg/g	352.35	130.220 2	36.96	325.55	1.522 9	140.37～755.03	偏态
S	μg/g	232.75	77.151 4	33.15	219.86	1.411 7	110.31～438.18	偏态
Sb	μg/g	0.42	0.155 9	37.44	0.39	1.417 3	0.19～0.79	偏态
Sc	μg/g	7.51	2.104 2	28.01	7.23	1.324 6	4.12～12.68	偏态
Se	μg/g	0.33	0.142 3	42.52	0.31	1.491 6	0.14～0.69	偏态
SiO_2	%	65.20	5.619 4	8.62	64.95	1.092 5	54.42～77.52	偏态
Sn	μg/g	18.48	10.193 6	55.16	15.66	1.828 4	4.68～52.34	偏态
Sr	μg/g	36.37	18.291 5	50.29	31.86	1.704 7	10.96～92.58	偏态
TC	%	1.48	0.558 6	37.78	1.37	1.506 8	0.60～3.11	偏态
TFe_2O_3	%	2.60	0.988 5	38.05	2.42	1.464 5	1.13～5.19	对数正态
Th	μg/g	43.21	15.767 8	36.49	40.12	1.497 0	17.90～89.90	偏态
Ti	μg/g	3 045.14	1 299.993 6	42.69	2 755.00	1.593 0	1 085.70～6 990.92	偏态
Tl	μg/g	2.19	0.762 0	34.84	2.04	1.473 8	0.94～4.44	偏态
U	μg/g	12.62	4.620 2	36.62	11.67	1.521 9	5.04～27.03	偏态
V	μg/g	39.95	20.808 4	52.08	34.78	1.715 1	11.82～102.32	偏态
W	μg/g	7.75	4.432 5	57.18	6.61	1.777 0	2.09～20.86	对数正态
Y	μg/g	40.18	16.466 4	40.99	37.07	1.495 2	16.58～82.88	对数正态
Zn	μg/g	67.98	18.753 3	27.59	65.35	1.331 1	36.88～115.80	偏态
Zr	μg/g	274.62	104.556 7	38.07	255.29	1.473 2	117.63～554.06	偏态

注:"变异系数"单位为％。

2. 酸性火山喷出岩类成土母质

韶关市酸性火山喷出岩类成土母质主要分布于司前镇—顿岗镇西、车八岭都享乡一带,另在韶关市北、仁化县石塘镇零星分布。岩性主要为流纹质凝灰熔岩、凝灰岩、流纹质火山碎屑、英安玢岩等,主要为爆发相、溢流相等。酸性火山喷出岩类成土母质土壤环境背景值参数统计结果列于表 5-14。

各元素/指标变异性统计结果表明,酸性火山喷出岩类成土母质土壤中元素/指标背景值总体分布仍以均匀为主,变异系数低于 0.50 的元素/指标有 36 项。其中,pH、SiO_2、U、Nb、Rb、Zr、K_2O、Ge、Al_2O_3、Th、Ce、Cl、La 的变异系数低于 0.25,显示分布均匀;但对比其他成土母质土壤后可以发现,酸性火山喷出岩类成土母质土壤背景值分布不均匀的元素/指标是最多的,包括 As、CaO、Sn、I、Bi,变异系数为 0.78～0.98,为高度变异,表现出分布不均匀。

与其他各类成土母质土壤元素背景值相比(表 5-8),酸性火山喷出岩类成土母质土壤环境背景值的最高值与最低值仅次于花岗岩类。其中,背景最高值元素/指标包括 Zn、N、TC、P、C_{org}、Ti、Sc、MgO、Fe_2O_3、Mn、V、Ni、Co,主要以铁族元素、造岩元素、矿化剂及卤族元素和碳赋存元素族为主;背景最低值元素/指标包括 Na_2O、Bi、Th、Nb、F、Zr、La、SiO_2。

表 5-14 韶关市酸性火山喷出岩类母质土壤环境背景值参数统计表（$n=40$）

元素/指标	单位	算数平均值	算数标准差	变异系数	几何平均值	几何标准差	背景值	浓度概率分布类型
Ag	μg/g	0.08	0.037 6	44.86	0.08	1.567 5	0.03～0.19	对数正态
Al_2O_3	%	15.25	3.540 7	23.22	14.83	1.268 4	8.17～22.33	正态分布
As	μg/g	18.74	14.552 1	77.64	14.07	2.171 6	2.98～66.36	对数正态
Au	ng/g	1.54	0.777 7	50.61	1.34	1.713 2	0.46～3.94	对数正态
B	μg/g	43.13	21.124 5	48.98	38.03	1.668 5	0.88～85.38	正态分布
Ba	μg/g	372.85	121.243 2	32.52	351.44	1.431 9	130.36～615.33	正态分布
Be	μg/g	2.23	0.668 9	29.95	2.14	1.328 1	1.21～3.78	对数正态
Bi	μg/g	0.84	0.825 2	98.10	0.58	2.320 3	0.11～3.12	对数正态
Br	μg/g	5.86	3.924 5	67.03	4.65	2.022 7	1.14～19.01	对数正态
CaO	%	0.27	0.232 5	86.02	0.18	2.496 9	0.03～1.15	对数正态
Cd	μg/g	0.16	0.085 9	52.49	0.14	1.703 5	0.05～0.41	对数正态
Ce	μg/g	72.35	17.388 6	24.03	70.47	1.253 6	44.84～110.73	对数正态
Cl	μg/g	50.31	12.117 9	24.09	48.89	1.270 5	26.07～74.54	正态分布
Co	μg/g	13.41	7.862 5	58.65	11.14	1.875 0	3.17～39.16	对数正态
Corg	%	1.61	0.624 1	38.80	1.49	1.491 5	0.67～3.32	对数正态
Cr	μg/g	90.58	65.934 5	72.79	68.33	2.193 6	14.20～328.77	对数正态
Cu	μg/g	22.28	8.969 7	40.25	20.47	1.522 7	4.34～40.22	正态分布
F	μg/g	444.03	120.013 1	27.03	427.47	1.323 6	204.00～684.05	正态分布
Ga	μg/g	19.23	4.948 3	25.74	18.57	1.305 4	9.33～29.12	正态分布
Ge	μg/g	1.37	0.307 4	22.48	1.34	1.226 9	0.89～2.01	偏态
Hg	μg/g	0.09	0.035 3	41.02	0.08	1.472 7	0.04～0.17	对数正态
I	μg/g	5.16	4.713 6	91.26	3.44	2.483 0	0.56～21.24	对数正态
K_2O	%	1.94	0.428 1	22.02	1.90	1.257 2	1.09～2.80	正态分布
La	μg/g	33.59	8.099 4	24.11	32.65	1.268 8	20.28～52.56	对数正态
Li	μg/g	52.33	20.481 7	39.14	48.14	1.524 8	11.37～93.30	正态分布
MgO	%	0.84	0.549 4	65.33	0.68	1.956 4	0.18～2.59	对数正态
Mn	μg/g	550.55	350.277 2	63.62	448.62	1.939 3	119.28～1 687.19	对数正态
Mo	μg/g	0.88	0.370 3	41.98	0.81	1.498 5	0.36～1.82	对数正态
N	μg/g	1 376.05	408.323 7	29.67	1 311.11	1.381 9	559.41～2 192.70	正态分布
Na_2O	%	0.11	0.051 9	48.31	0.10	1.556 6	0.04～0.23	对数正态
Nb	μg/g	16.27	3.065 4	18.84	16.00	1.195 8	11.19～22.88	对数正态
Ni	μg/g	32.54	23.985 9	73.72	24.44	2.184 4	5.12～116.60	对数正态
P	μg/g	614.11	263.465 5	42.90	563.12	1.516 2	244.97～1 294.51	对数正态
Pb	μg/g	32.52	9.476 8	29.15	31.01	1.377 5	13.56～51.47	正态分布

续表 5-14

元素/指标	单位	算数平均值	算数标准差	变异系数	几何平均值	几何标准差	背景值	浓度概率分布类型
pH		5.13	0.419 2	8.17	5.11	1.084 1	4.29~5.97	正态分布
Rb	μg/g	113.71	23.406 5	20.58	111.27	1.234 8	66.90~160.52	正态分布
S	μg/g	225.03	72.408 4	32.18	213.38	1.392 0	80.21~369.84	正态分布
Sb	μg/g	1.25	0.625 0	50.13	1.09	1.722 2	0.37~3.23	对数正态
Sc	μg/g	14.26	5.439 5	38.15	13.17	1.509 1	3.38~25.14	正态分布
Se	μg/g	0.41	0.209 9	51.56	0.37	1.545 7	0.15~0.88	偏态
SiO_2	%	64.79	7.700 4	11.89	64.32	1.127 8	49.38~80.19	正态分布
Sn	μg/g	7.31	6.352 0	86.89	5.43	2.065 1	1.27~23.14	偏态
Sr	μg/g	32.23	17.040 5	52.87	27.76	1.757 3	8.99~85.73	对数正态
TC	%	1.72	0.658 3	38.30	1.59	1.496 4	0.71~3.57	对数正态
TFe_2O_3	%	5.47	2.185 1	39.98	4.96	1.602 8	1.10~9.84	正态分布
Th	μg/g	13.73	3.214 3	23.41	13.38	1.252 6	8.53~20.99	对数正态
Ti	μg/g	4 718.86	1 187.143 9	25.16	4 550.77	1.323 6	2 344.58~7 093.15	正态分布
Tl	μg/g	1.04	0.535 3	51.49	0.94	1.521 5	0.41~2.18	偏态
U	μg/g	3.25	0.601 0	18.47	3.20	1.207 1	2.05~4.46	正态分布
V	μg/g	106.22	44.674 2	42.06	95.42	1.634 0	16.87~195.57	正态分布
W	μg/g	4.25	2.679 4	62.98	3.64	1.699 9	1.26~10.52	偏态
Y	μg/g	26.61	6.812 3	25.60	25.83	1.270 4	16.01~41.69	对数正态
Zn	μg/g	83.42	30.552 1	36.62	77.54	1.486 1	22.32~144.52	正态分布
Zr	μg/g	243.26	53.090 0	21.82	237.49	1.246 7	137.08~349.44	正态分布

注:"变异系数"单位为%。

酸性火山喷出岩类成土母质土壤环境背景值与全区土壤背景值相比(表 5-9),铁族元素(Fe_2O_3、Mn、V、Cr、Ni、Co)、造岩元素(CaO、MgO)、亲铜成矿元素(As、Sb、Cu)、矿化剂及卤族元素(Br、I)以及 Sc 等表现出强度富集的特征,比值均大于 1.4,表现出富集特点的还有 Li、N、TC、Corg、Ti、Zn、Ba 等,比值均大于 1.2;另外,U、Bi、Th、Rb、Pb、Sn、Nb、K_2O、Be 显示中弱贫化,与全区背景值比值介于 0.6~0.8 之间,强度贫化的仅 Na_2O。

四、变质岩类成土母质土壤元素环境背景值

变质岩类成土母质主要分布于韶关市中部和北部、乐昌市西部大源镇—必背镇一带、仁化县北部、始兴县南部、南雄盆地周边等地,多为区内花岗岩侵入岩体围岩形成。该类成土母质多属浅海-半深海相的沉积环境,在机械沉积作用下,经轻—中度区域变质作用形成,原岩多为石英片岩、石英岩、碳质千枚岩、板岩、硅质岩、硅质页岩等。变质岩类成土母质土壤环境背景值统计结果列于表 5-15。

各元素/指标变异性统计结果表明,变质岩类成土母质土壤中元素/指标总体分布较为均匀,变异系

数低于 0.50 的元素/指标有 43 项,其中 pH、SiO_2、Ge、Zr、Nb、Ti、Y、Al_2O_3、F、Th、Ga、K_2O、Sc 的变异系数范围在 0.09～0.25 之间,分布均匀程度达到均匀级别,变异系数大于 0.75,达到强度变异,表现分布较不均匀的元素仅 I、As。

表 5－15　韶关市变质岩类母质土壤环境背景值参数统计表($n=463$)

元素/指标	单位	算数平均值	算数标准差	变异系数	几何平均值	几何标准差	背景值	浓度概率分布类型
Ag	μg/g	0.08	0.037 6	44.86	0.08	1.567 5	0.03～0.19	对数正态
Al_2O_3	%	15.25	3.540 7	23.22	14.83	1.268 4	8.17～22.33	正态分布
As	μg/g	18.74	14.552 1	77.64	14.07	2.171 6	2.98～66.36	对数正态
Au	ng/g	1.54	0.777 7	50.61	1.34	1.713 2	0.46～3.94	对数正态
B	μg/g	43.13	21.124 5	48.98	38.03	1.668 5	0.88～85.38	正态分布
Ba	μg/g	372.85	121.243 2	32.52	351.44	1.431 9	130.36～615.33	正态分布
Be	μg/g	2.23	0.668 9	29.95	2.14	1.328 1	1.21～3.78	对数正态
Bi	μg/g	0.84	0.825 2	98.10	0.58	2.320 3	0.11～3.12	对数正态
Br	μg/g	5.86	3.924 5	67.03	4.65	2.022 7	1.14～19.01	对数正态
CaO	%	0.27	0.232 5	86.02	0.18	2.496 9	0.03～1.15	对数正态
Cd	μg/g	0.16	0.085 9	52.49	0.14	1.703 5	0.05～0.41	对数正态
Ce	μg/g	72.35	17.388 6	24.03	70.47	1.253 6	44.84～110.73	对数正态
Cl	μg/g	50.31	12.117 9	24.09	48.89	1.270 5	26.07～74.54	正态分布
Co	μg/g	13.41	7.862 5	58.65	11.14	1.875 0	3.17～39.16	对数正态
Corg	%	1.61	0.624 1	38.80	1.49	1.491 5	0.67～3.32	对数正态
Cr	μg/g	90.58	65.934 5	72.79	68.33	2.193 6	14.20～328.77	对数正态
Cu	μg/g	22.28	8.969 7	40.25	20.47	1.522 7	4.34～40.22	正态分布
F	μg/g	444.03	120.013 1	27.03	427.47	1.323 6	204.00～684.05	正态分布
Ga	μg/g	19.23	4.948 3	25.74	18.57	1.305 4	9.33～29.12	正态分布
Ge	μg/g	1.37	0.307 4	22.48	1.34	1.226 9	0.89～2.01	偏态
Hg	μg/g	0.09	0.035 3	41.02	0.08	1.472 7	0.04～0.17	对数正态
I	μg/g	5.16	4.713 6	91.26	3.44	2.483 0	0.56～21.24	对数正态
K_2O	%	1.94	0.428 1	22.02	1.90	1.257 2	1.09～2.80	正态分布
La	μg/g	33.59	8.099 4	24.11	32.65	1.268 5	20.28～52.56	对数正态
Li	μg/g	52.33	20.481 7	39.14	48.14	1.524 8	11.37～93.30	正态分布
MgO	%	0.84	0.549 4	65.33	0.68	1.956 4	0.18～2.59	对数正态
Mn	μg/g	550.55	350.277 2	63.62	448.62	1.939 3	119.28～1 687.19	对数正态
Mo	μg/g	0.88	0.370 3	41.98	0.81	1.498 4	0.36～1.82	对数正态
N	μg/g	1 376.05	408.323 7	29.67	1 311.11	1.381 9	559.41～2 192.70	正态分布
Na_2O	%	0.11	0.051 9	48.31	0.10	1.556 6	0.04～0.23	对数正态
Nb	μg/g	16.27	3.065 4	18.84	16.00	1.195 8	11.19～22.88	对数正态

续表 5-15

元素/指标	单位	算数平均值	算数标准差	变异系数	几何平均值	几何标准差	背景值	浓度概率分布类型
Ni	μg/g	32.54	23.985 9	73.72	24.44	2.184 4	5.12~116.60	对数正态
P	μg/g	614.11	263.465 5	42.90	563.12	1.516 2	244.97~1 294.51	对数正态
Pb	μg/g	32.52	9.476 8	29.15	31.01	1.377 5	13.56~51.47	正态分布
pH		5.13	0.419 2	8.17	5.11	1.084 1	4.29~5.97	正态分布
Rb	μg/g	113.71	23.406 5	20.58	111.27	1.234 8	66.90~160.52	正态分布
S	μg/g	225.03	72.408 4	32.18	213.38	1.392 0	80.21~369.84	正态分布
Sb	μg/g	1.25	0.625 0	50.13	1.09	1.722 2	0.37~3.23	对数正态
Sc	μg/g	14.26	5.439 5	38.15	13.17	1.509 1	3.38~25.14	正态分布
Se	μg/g	0.41	0.209 9	51.56	0.37	1.545 7	0.15~0.88	偏态
SiO_2	%	64.79	7.700 4	11.89	64.32	1.127 8	49.38~80.19	正态分布
Sn	μg/g	7.31	6.352 0	86.89	5.43	2.065 1	1.27~23.14	偏态
Sr	μg/g	32.23	17.040 5	52.87	27.76	1.757 3	8.99~85.73	对数正态
TC	%	1.72	0.658 3	38.30	1.59	1.496 4	0.71~3.57	对数正态
TFe_2O_3	%	5.47	2.185 1	39.98	4.96	1.602 8	1.10~9.84	正态分布
Th	μg/g	13.73	3.214 3	23.41	13.38	1.252 6	8.53~20.99	对数正态
Ti	μg/g	4 718.86	1 187.143 9	25.16	4 550.77	1.323 6	2 344.58~7 093.15	正态分布
Tl	μg/g	1.04	0.535 3	51.49	0.94	1.521 5	0.41~2.18	偏态
U	μg/g	3.25	0.601 0	18.47	3.20	1.207 1	2.05~4.46	正态分布
V	μg/g	106.22	44.674 2	42.06	95.42	1.634 0	16.87~195.57	正态分布
W	μg/g	4.25	2.679 4	62.98	3.64	1.699 9	1.26~10.52	偏态
Y	μg/g	26.61	6.812 3	25.60	25.83	1.270 4	16.01~41.69	对数正态
Zn	μg/g	83.42	30.552 1	36.62	77.54	1.486 1	22.32~144.52	正态分布
Zr	μg/g	243.26	53.090 0	21.82	237.49	1.246 7	137.08~349.44	正态分布

注:"变异系数"单位为%。

与其他各类成土母质土壤环境背景值相比(表 5-8),变质岩类成土母质土壤环境背景值最低值元素包括 Mo、Ba、Se、Cu、Br,各类成土母质背景值最高值的元素/指标有 Sr、CaO、W、Ge。

变质岩类成土母质土壤环境背景值与全区土壤背景值相比(表 5-9),以铁族元素(Fe_2O_3、Mn、V、Cr、Ni、Co)、矿化剂及卤族元素(Br、I)、亲铜成矿元素(Au、Sb、Cu、As)和 MgO 的强度富集,Na_2O 的强度贫化为特点,Mo、Sc、Ba、Se 表现中弱富集(比值为 1.2~1.4),表现中弱贫化的元素/指标包括 Sn、Sr、CaO、U、Bi、Rb、Tl、Th、Pb、Be、W、Nb,其余元素/指标背景值与全区相当。

第四节 主要土壤类型环境背景值

土壤类型是根据成土条件、成土过程、剖面形态和土壤属性来划分的,同一土类具有相同的成土条件及主导成土过程，土壤剖面形态的发生层次、利用方向和培肥途径基本相同。不同岩石类型在相同的成土条件下可形成同一类土壤。因此，不同土壤类型的元素分布除受成土母质影响外，还受到成土环境、成土条件、土壤熟化方式等因素影响，元素分布与土类间存在更为复杂的关系。

韶关市土壤类型较复杂，据《广东土壤》（广东省土壤普查办公室，1993）、《广东省土壤资源及作物适宜性图谱》（万洪富等，2005），调查区土壤主要可分为黄壤、红壤、赤红壤、石灰土、紫色土、水稻土6个土类10个亚类，以红壤分布面积最为广泛，其次为黄壤、水稻土和石灰土，其余土类分布面积均较小。韶关市土壤环境背景值土壤类型统计以土壤亚类为主要统计单元。其中，由于中性紫色土、酸性紫色土及黑色石灰土3种的土类面积较小且分布零碎，面积分别占全区土地总面积的1.8%、0.1%、0.2%，单独统计意义不大，或根本不具统计意义，故本次将其分别合并至各自土类中进行统计和讨论。因此，调查区内主要土壤类型的统计单元分别为潴育性水稻土、赤红壤、黄壤、红壤、黄红壤、石灰土、紫色土7种。

从各土类单元元素背景值统计结果可以看出（表5-16～表5-22），不同土壤类型元素/指标背景值差异较大，尤其是黄壤、黄红壤、石灰土等土类的部分元素/指标背景值远高于其他土类单元元素/指标背景值，为区内大部分元素/指标高背景值土壤类型；红壤与潴育性水稻土元素/指标环境背景值大致与全区的背景值相当；而赤红壤、紫色土大部分元素/指标背景值则表现出远低于其他土类元素/指标背景值的特点。各土壤类型元素/指标背景值特点如下。

1. 红壤

红壤是调查区分布面积最广的一类土壤，占全区土地总面积的51.6%，在3696件表层土壤样品中，红壤样品量也达到了1940件，占比超过一半，其元素/指标含量背景值很大程度地接近于本区的实际背景值（表5-16）。具体到本土类，从红壤元素/指标背景值与全区土壤背景值比值统计可以看出（表5-23），红壤全部元素/指标背景值与全区土壤背景值相当，其比值变化范围落于0.8～1.2之间。与其他土类单元相比，红壤各元素/指标背景值均介于各土类单元元素背景值之间。

红壤元素/指标背景值与深层土壤地球化学基准值对比结果显示（表5-24），在红壤分布区，土壤中大部分元素/指标上下层变化不明显，其比值大多介于0.8～1.2之间，仅少量元素/指标表现出表层富集或贫化，富集的元素/指标主要包括Se、Br、Hg、Ag、P、S、Cd、N、TC、Corg等，其中Cd、N、TC、Corg的$K_{背景值/基准值}$介于2～5之间，Se、Br、Hg、Ag、P、S的$K_{背景值/基准值}$介于1.2～1.4之间；贫化的元素/指标主要包括Mo、Ni、Ga、Co、Ge、Mn、Fe_2O_3，$K_{背景值/基准值}$介于0.6～0.8之间，强度贫化的元素为卤族元素I，$K_{背景值/基准值}$仅为0.4。这表明红壤在成土过程中，大部分元素/指标含量变化不明显，成土作用对红壤的元素迁移变化影响不大。

2. 潴育型水稻土

潴育型水稻土也是调查区的主要土壤类型，其分布面积仅次于红壤（表5-17）。从整体来看（表5-23），潴育型水稻土各元素/指标背景值介于各土壤类型之间，元素/指标背景值表现出绝大部分与全区相当，仅Br、I低背景为特点。其中，52项元素/指标背景值与全区土壤背景值的比值介于0.8～1.2之间，Br、I低背景也仅仅表现为全区土壤背景值的0.71、0.77倍。这显示韶关市潴育型水稻土的环境背景值对本区土壤环境背景值反映有很好的代表性。

潴育型水稻土土壤环境背景值与深层土壤地球化学基准值对比结果表明（表5-24），在潴育型水稻土和漂洗型水稻土分布区，有较多元素/指标在上下层出现明显分异现象。其中，$K_{背景值/基准值}$大于2的有Cd、N、TC、Corg，表现出显著的富集；$K_{背景值/基准值}$介于1.4～2的包括Sr、Cl、Na_2O、B、Zr、CaO、Hg、Au、Ag、P、S；$K_{背景值/基准值}$介于0.6～0.8的包括Mo、Mn、Ga、U、Tl、Al_2O_3、Ge、Th、Ni；而I的$K_{背景值/基准值}$均小于0.6，为0.31，呈现显著的贫化。

3. 黄壤

与全区土壤背景值相比（表5-18、表5-23），黄壤 TC、Se、Ga、Corg、Na_2O、Pb、W、Th、K_2O、Tl、Rb、U、Be、Sn、Br、Bi、I 的背景值明显高于全区土壤背景值，其中 I 背景值是全区土壤背景值的 2.3 倍，Al_2O_3、TC、Ga、Corg、W、Br、Bi、I 为各土类单元最高值，而 B、As、Cr、CaO、Sb、Ni、Co、Sr、Au 的背景值则明显低于全区。

黄壤在成土过程中，上、下层有较多元素/指标发生了明显的富集现象，少量元素/指标发生贫化（表5-24）。其中，富集程度最强的是 Cd、S、N、TC、Corg，$K_{背景值/基准值}$ 均大于 2，其次是 Ce、Cl、Se、Th、K_2O、Tl、Hg、Be、Br、Ag、Na_2O、Pb、Rb、Bi、U、Sn、P，$K_{背景值/基准值}$ 介于 1.2～2 之间；发生贫化的元素以 I 最为强烈，$K_{背景值/基准值}$ 小于 0.6，其次是 As、Cr、Ni、Co、Sb、V、B、Mo、Fe_2O_3，$K_{背景值/基准值}$ 介于 0.6～0.8 之间。

4. 赤红壤

与全区及土壤背景值相比（表5-19、表5-23），赤红壤分别有 34 项元素/指标背景值低于全区土壤背景值，其中 Sb、Cd、Li、B、As、Bi、Cu、MgO、Ag 等的背景值与全区土壤背景值的比值介于 0.6～0.8 之间；与其他土壤类型的元素背景值相比，赤红壤元素背景值明显偏低，其中 Li、Ag、P、MgO、Cu、F、Mn、Cd、Sb 的背景值为各土类元素背景值最低。

赤红壤在成土过程中，上、下层元素/指标富集或贫化现象较为明显，多数元素/指标发生富集或贫化（表5-23）。富集元素/指标包括 Br、Ag、Na_2O、Pb、Rb、Bi、U、Sn、P、Cd、S、N、TC、Corg；贫化的元素/指标主要有 I、As、Cr、Ni、Co、Sb、V、B、Mo、Fe_2O_3、Ge、Mn、Cu、Sc、Ti、pH。

5. 黄红壤

黄红壤以 I、Ga、Li、Na_2O、K_2O、Th、Pb、Be、Tl、Sn、Bi、Rb、U 高背景为特点，与其他土壤类型各元素/指标背景值相比，又以 Nb、Li、Na_2O、K_2O、Th、Pb、Be、Tl、Sn、Rb、U 的背景值为各土类单元最高值，而 Fe_2O_3、Au、V、Co、Ni、Cr、As 则为各土类单元背景值最低（表5-20）。

黄红壤在成土过程中，上、下层有较多元素/指标发生了明显的富集现象（表5-24），其富集元素/指标种类仅次于石灰土，但富集程度相对较弱，$K_{背景值/基准值}$ 大多数在 1.2～2.0 之间，其中富集程度最强的是 S、N、TC、Corg，$K_{背景值/基准值}$ 介于 2.3～5.9 之间，其次是 Cl、Se、Th、K_2O、Tl、Hg、Be、Br、Ag、Na_2O、Pb、Rb、Bi、U、Sn、P、Cd，$K_{背景值/基准值}$ 介于 1.2～2.0；而 I、As、Cr、Ni 则相对贫化。

6. 石灰土

石灰土显著特点是大部分元素/指标的背景值普遍较高，有 25 项元素/指标背景值明显高于全区土壤背景值，包括 N、pH、Sc、Ti、Zn、Sr、Se、Fe_2O_3、Mo、MgO、Cu、F、Hg、Au、Mn、V、Co、Ni、CaO、I、Cr、B、Cd、As、Sb 等。其中，除却 pH、Sr、I、MgO 外，其余 23 项元素/指标以及 S、P 的背景值均为各土类单元最高值，而 Sn、Rb、Be、K_2O、Na_2O、Ba、Cl、SiO_2 则为各土类单元背景值最低值（表5-21）。

石灰土在成土过程中，上、下层大部分元素/指标发生了明显的富集现象，少量元素/指标发生贫化（表5-24）。其中，富集程度最强的是 CaO、P、B、Hg、S、As、Sb、N、Cd、TC、Corg，$K_{背景值/基准值}$ 均大于 2，其次是 Mn、Sr、V、Ni、MgO、Co、Cu、F、Br、Ag、Cr、Se、Au，$K_{背景值/基准值}$ 介于 1.2～2 之间；发生贫化的元素/指标以 U、Rb、Th 最为强烈，$K_{背景值/基准值}$ 小于 0.6，其次是 Sn、Be、Tl、K_2O、Ga、Ge、Al_2O_3、I，$K_{背景值/基准值}$ 介于 0.6～0.8 之间。

7. 紫色土

与全区及土壤背景值相比(表5-22、表5-23),紫色土分别有32项元素/指标背景值低于全区。其中,U、Sn、Th、I、Bi、Mo、W、Pb、Ga、Se、Br、Tl、Al_2O_3、Nb、Ce背景值与全区土壤背景值比值低于0.8,尤其是U,该类土壤元素背景值与全区的比值仅为0.5;与其他土壤类型的元素/指标背景值相比,紫色土明显偏低,其中Th、U、Tl、Bi、Ce、Y、Nb、La、Pb、Al_2O_3、Ga、Ge、W、Corg、S、Sc、Zn、Se、Mo、Hg、I的背景值为各土类元素背景值最低。

紫色土背景值与基准值对比结果显示(表5-24),在紫色土分布区,土壤中大部分元素/指标上、下层变化较为明显,发生了较为强烈的富集贫化现象。富集的元素/指标主要包括Br、Ag、Na_2O、Pb、Rb、Bi、U、Sn、P、Cd、S、N、TC、Corg等,其中S、N、TC、Corg的$K_{背景值/基准值}$介于2~5之间,Br、Ag、Na_2O的$K_{背景值/基准值}$介于1.2~1.4之间;贫化的元素/指标主要包括Sb、V、B、Mo、Fe_2O_3、Ge、Mn、Cu、Sc、Ti、pH、Au、MgO、Ga,$K_{背景值/基准值}$介于0.6~0.8之间,强度贫化的元素为I、As、Cr、Ni、Co,$K_{背景值/基准值}$均小于0.6,其中卤族元素I的$K_{背景值/基准值}$仅为0.26,为全区最低值,表明紫色土的I在全区贫化最为严重。

表5-16 韶关市红壤环境背景值参数统计表($n=1940$)

元素/指标	单位	算数平均值	算数标准差	变异系数	几何平均值	几何标准差	背景值	浓度概率分布类型
Ag	μg/g	0.09	0.034 8	40.53	0.08	1.502 0	0.04~0.18	偏态
Al_2O_3	%	15.80	4.738 7	29.99	15.07	1.369 8	8.03~28.27	偏态
As	μg/g	9.16	6.968 7	76.10	6.72	2.285 7	1.29~35.12	偏态
Au	ng/g	1.41	0.830 2	58.76	1.18	1.876 7	0.33~4.14	偏态
B	μg/g	63.82	44.156 5	69.19	47.50	2.315 4	8.86~254.64	偏态
Ba	μg/g	315.33	131.311 0	41.64	284.86	1.619 9	108.56~747.49	偏态
Be	μg/g	3.65	2.552 1	70.01	2.88	2.005 4	0.72~11.58	对数正态
Bi	μg/g	1.27	0.934 7	73.59	0.98	2.057 5	0.23~4.16	对数正态
Br	μg/g	3.60	2.703 1	75.07	2.80	2.025 1	0.68~11.48	偏态
CaO	%	0.15	0.081 7	55.12	0.13	1.852 4	0.04~0.43	偏态
Cd	μg/g	0.17	0.092 1	54.43	0.15	1.735 1	0.05~0.44	偏态
Ce	μg/g	92.81	31.970 5	34.45	87.57	1.409 6	44.07~173.99	偏态
Cl	μg/g	47.95	13.166 7	27.46	46.17	1.321 8	26.42~80.66	偏态
Co	μg/g	6.52	4.246 5	65.18	5.25	1.964 8	1.36~20.28	偏态
Corg	%	1.31	0.569 9	43.51	1.18	1.614 4	0.45~3.08	偏态
Cr	μg/g	44.73	27.816 5	62.19	34.87	2.151 3	7.54~161.40	偏态
Cu	μg/g	17.23	8.678 9	50.37	14.85	1.790 6	4.63~47.60	偏态
F	μg/g	509.03	141.826 0	27.86	490.00	1.318 8	281.73~852.22	对数正态
Ga	μg/g	19.13	6.499 4	33.97	17.98	1.438 4	8.69~37.20	偏态
Ge	μg/g	1.39	0.216 1	15.52	1.38	1.165 8	1.01~1.87	对数正态
Hg	μg/g	0.11	0.049 7	47.25	0.09	1.619 8	0.04~0.25	偏态

续表 5-16

元素/指标	单位	算数平均值	算数标准差	变异系数	几何平均值	几何标准差	背景值	浓度概率分布类型
I	μg/g	1.94	1.506 4	77.56	1.48	2.063 9	0.35~6.32	偏态
K_2O	%	2.91	1.380 4	47.42	2.58	1.668 1	0.93~7.17	偏态
La	μg/g	42.09	15.141 2	35.98	39.55	1.425 1	19.47~80.31	对数正态
Li	μg/g	46.46	22.186 1	47.75	41.46	1.627 8	15.65~109.85	偏态
MgO	%	0.47	0.209 5	44.42	0.43	1.590 0	0.17~1.08	偏态
Mn	μg/g	301.30	177.132 0	58.79	251.97	1.859 3	72.89~871.07	偏态
Mo	μg/g	0.86	0.399 6	46.70	0.77	1.615 2	0.29~2.00	偏态
N	μg/g	1 167.53	449.220 6	38.48	1 077.44	1.518 0	467.57~2 482.77	偏态
Na_2O	%	0.21	0.134 8	65.15	0.17	1.873 0	0.05~0.60	偏态
Nb	μg/g	22.93	8.434 9	36.79	21.53	1.420 7	10.67~43.45	偏态
Ni	μg/g	15.03	9.476 5	63.04	12.18	1.955 7	3.19~46.60	偏态
P	μg/g	510.75	209.204 2	40.96	466.60	1.555 8	192.77~1 129.41	偏态
Pb	μg/g	53.15	26.134 2	49.17	46.71	1.690 7	16.34~133.51	偏态
pH		5.17	0.512 3	9.90	5.15	1.102 0	4.24~6.25	偏态
Rb	μg/g	210.58	143.711 5	68.25	166.99	1.997 7	41.84~666.42	对数正态
S	μg/g	219.17	72.961 7	33.29	207.08	1.408 3	104.41~410.71	偏态
Sb	μg/g	0.93	0.671 3	72.25	0.73	2.013 6	0.18~2.95	偏态
Sc	μg/g	8.87	2.911 4	32.83	8.39	1.404 0	4.26~16.54	偏态
Se	μg/g	0.36	0.170 4	46.91	0.33	1.576 1	0.13~0.81	对数正态
SiO_2	%	68.83	7.120 1	10.34	68.46	1.110 8	54.59~83.07	正态
Sn	μg/g	10.17	7.930 7	77.95	7.65	2.115 3	1.71~34.24	偏态
Sr	μg/g	33.47	16.552 6	49.46	29.57	1.661 5	10.71~81.64	偏态
TC	%	1.38	0.584 6	42.34	1.26	1.563 9	0.51~3.07	偏态
TFe_2O_3	%	3.61	1.607 9	44.49	3.25	1.604 4	1.26~8.37	偏态
Th	μg/g	25.44	15.675 4	61.62	21.38	1.786 5	6.70~68.24	偏态
Ti	μg/g	3 881.87	1 369.828 9	35.29	3 595.54	1.520 6	1 142.21~6 621.53	正态
Tl	μg/g	1.36	0.857 4	62.96	1.12	1.883 1	0.32~3.97	对数正态
U	μg/g	6.99	5.079 8	72.63	5.42	2.041 4	1.30~22.58	偏态
V	μg/g	63.50	31.288 1	49.28	54.89	1.783 0	17.27~174.49	偏态
W	μg/g	5.34	2.890 8	54.15	4.65	1.693 6	1.62~13.33	对数正态
Y	μg/g	30.34	9.088 7	29.95	29.03	1.349 1	15.95~52.84	偏态
Zn	μg/g	66.17	23.007 1	34.77	62.11	1.441 9	29.88~129.14	偏态
Zr	μg/g	284.00	74.945 8	26.39	273.45	1.329 1	154.80~483.05	偏态

注:"变异系数"单位为%。

表 5-17 韶关市潴育性水稻土环境背景值参数统计表（$n=609$）

元素/指标	单位	算数平均值	算数标准差	变异系数	几何平均值	几何标准差	背景值	浓度概率分布类型
Ag	μg/g	0.09	0.037 9	42.40	0.08	1.519 3	0.04～0.19	对数正态
Al_2O_3	%	14.69	4.550 6	30.97	13.98	1.376 8	7.38～26.51	偏态
As	μg/g	8.84	6.939 9	78.51	6.39	2.316 1	1.19～34.29	对数正态
Au	ng/g	1.53	0.819 2	53.59	1.32	1.756 2	0.43～4.06	偏态
B	μg/g	75.12	47.808 1	63.65	57.09	2.313 7	10.66～305.59	偏态
Ba	μg/g	319.71	127.550 2	39.90	294.47	1.519 8	127.49～680.15	偏态
Be	μg/g	3.10	2.080 9	67.02	2.51	1.927 3	0.68～9.33	对数正态
Bi	μg/g	0.97	0.662 8	68.23	0.79	1.884 7	0.22～2.80	偏态
Br	μg/g	2.02	0.894 2	44.29	1.83	1.564 9	0.75～4.49	偏态
CaO	%	0.18	0.098 0	54.06	0.15	1.810 0	0.05～0.51	偏态
Cd	μg/g	0.18	0.111 7	62.34	0.15	1.888 2	0.04～0.53	偏态
Ce	μg/g	85.49	26.066 4	30.49	81.68	1.354 9	44.50～149.95	对数正态
Cl	μg/g	46.39	11.909 5	25.67	44.82	1.306 9	26.24～76.55	偏态
Co	μg/g	6.69	3.684 6	55.07	5.72	1.781 9	1.80～18.18	偏态
Corg	%	1.13	0.462 4	40.75	1.03	1.629 7	0.39～2.72	偏态
Cr	μg/g	46.26	23.791 2	51.43	38.82	1.913 4	10.60～142.12	偏态
Cu	μg/g	18.32	7.766 3	42.40	16.47	1.638 4	6.14～44.22	偏态
F	μg/g	529.81	161.164 5	30.42	506.52	1.349 7	278.05～922.73	对数正态
Ga	μg/g	17.71	6.258 2	35.34	16.58	1.451 0	7.87～34.90	偏态
Ge	μg/g	1.37	0.195 7	14.25	1.36	1.153 2	1.02～1.81	对数正态
Hg	μg/g	0.10	0.045 2	46.16	0.09	1.639 4	0.03～0.24	偏态
I	μg/g	1.22	0.684 4	56.30	1.06	1.664 1	0.38～2.94	偏态
K_2O	%	2.68	1.319 0	49.26	2.35	1.703 9	0.81～6.81	偏态
La	μg/g	40.86	12.825 4	31.39	38.97	1.362 0	21.01～72.28	对数正态
Li	μg/g	48.22	21.514 0	44.62	43.66	1.573 0	17.64～108.03	偏态
MgO	%	0.48	0.186 7	38.90	0.44	1.500 2	0.20～1.00	偏态
Mn	μg/g	264.88	151.268 9	57.11	224.13	1.813 9	68.12～737.43	偏态
Mo	μg/g	0.79	0.360 2	45.58	0.71	1.568 0	0.29～1.76	对数正态
N	μg/g	1 084.98	412.433 6	38.01	1 000.95	1.526 8	429.38～2 333.32	偏态
Na_2O	%	0.22	0.148 9	66.22	0.18	1.910 2	0.05～0.67	对数正态
Nb	μg/g	21.46	6.213 7	28.96	20.60	1.331 5	11.62～36.52	对数正态
Ni	μg/g	15.46	8.239 4	53.30	13.19	1.808 2	4.03～43.13	偏态
P	μg/g	527.44	219.970 4	41.71	482.04	1.545 8	201.73～1 151.82	偏态

续表 5-17

元素/指标	单位	算数平均值	算数标准差	变异系数	几何平均值	几何标准差	背景值	浓度概率分布类型
Pb	μg/g	47.34	22.966 8	48.51	41.88	1.659 5	15.21～115.35	偏态
pH		5.66	0.992 6	17.54	5.58	1.176 2	4.03～7.72	偏态
Rb	μg/g	178.06	114.847 6	64.50	144.24	1.939 7	38.34～542.70	对数正态
S	μg/g	212.74	73.357 7	34.48	199.98	1.433 2	97.36～410.78	偏态
Sb	μg/g	1.04	0.800 1	77.10	0.78	2.122 5	0.17～3.53	偏态
Sc	μg/g	8.86	2.658 8	30.01	8.45	1.372 3	4.49～15.91	偏态
Se	μg/g	0.29	0.108 1	37.39	0.27	1.457 0	0.13～0.57	偏态
SiO_2	%	70.16	7.561 5	10.78	69.74	1.115 9	55.04～85.28	正态
Sn	μg/g	7.64	5.059 0	66.22	6.31	1.826 6	1.89～21.06	偏态
Sr	μg/g	39.78	16.892 4	42.47	36.11	1.577 8	14.50～89.89	偏态
TC	%	1.23	0.469 9	38.27	1.13	1.522 0	0.49～2.62	偏态
TFe_2O_3	%	3.60	1.365 6	37.89	3.33	1.501 3	1.48～7.52	偏态
Th	μg/g	21.49	12.192 6	56.74	18.68	1.673 7	6.67～52.33	偏态
Ti	μg/g	4 292.23	1 169.248 0	27.24	4 110.22	1.364 0	1 953.73～6 630.73	正态
Tl	μg/g	1.15	0.683 4	59.56	0.97	1.807 8	0.30～3.15	对数正态
U	μg/g	5.73	4.030 4	70.37	4.60	1.910 8	1.26～16.80	偏态
V	μg/g	65.62	25.229 5	38.45	60.17	1.558 5	24.77～146.15	偏态
W	μg/g	4.78	2.255 9	47.15	4.30	1.588 9	1.70～10.86	对数正态
Y	μg/g	30.43	9.067 0	29.80	29.14	1.343 2	16.15～52.58	对数正态
Zn	μg/g	67.87	23.626 3	34.81	63.67	1.444 7	30.51～132.89	偏态
Zr	μg/g	312.34	71.924 5	23.03	303.84	1.270 1	188.35～490.14	偏态

注："变异系数"单位为％。

表 5-18 韶关市黄壤环境背景值参数统计表（n＝553）

元素/指标	单位	算数平均值	算数标准差	变异系数	几何平均值	几何标准差	背景值	浓度概率分布类型
Ag	μg/g	0.09	0.036 2	41.55	0.08	1.527 7	0.03～0.19	偏态
Al_2O_3	%	18.02	4.420 1	24.53	17.43	1.302 2	9.18～26.86	正态
As	μg/g	6.08	4.231 7	69.55	4.76	2.048 5	1.13～19.96	对数正态
Au	ng/g	1.15	0.752 9	65.47	0.94	1.890 9	0.26～3.36	对数正态
B	μg/g	40.42	30.567 3	75.62	30.34	2.163 4	6.48～142.00	对数正态
Ba	μg/g	294.54	134.059 3	45.51	261.01	1.690 0	91.39～745.48	偏态
Be	μg/g	5.61	3.949 2	70.41	4.29	2.143 1	0.93～19.72	对数正态
Bi	μg/g	2.48	1.929 2	77.86	1.77	2.388 3	0.31～10.10	偏态
Br	μg/g	6.73	5.299 5	78.77	4.90	2.300 5	0.93～25.92	偏态

续表 5-18

元素/指标	单位	算数平均值	算数标准差	变异系数	几何平均值	几何标准差	背景值	浓度概率分布类型
CaO	%	0.12	0.065 3	55.38	0.10	1.807 7	0.03～0.33	偏态
Cd	μg/g	0.16	0.074 2	45.93	0.14	1.677 2	0.05～0.41	偏态
Ce	μg/g	92.95	32.228 4	34.67	87.69	1.407 6	44.26～173.74	对数正态
Cl	μg/g	53.61	15.175 4	28.31	51.48	1.332 8	28.98～91.45	偏态
Co	μg/g	5.65	4.468 7	79.15	4.23	2.149 0	0.91～19.51	对数正态
Corg	%	1.64	0.710 7	43.42	1.48	1.606 6	0.57～3.82	偏态
Cr	μg/g	36.50	28.545 6	78.20	26.83	2.216 8	5.46～131.84	对数正态
Cu	μg/g	15.30	9.768 1	63.83	12.37	1.961 7	3.21～47.58	对数正态
F	μg/g	533.10	161.286 2	30.25	510.04	1.346 1	281.48～924.19	对数正态
Ga	μg/g	22.26	6.017 0	27.03	21.37	1.347 8	10.23～34.29	正态
Ge	μg/g	1.45	0.230 4	15.89	1.43	1.169 0	1.05～1.96	对数正态
Hg	μg/g	0.11	0.046 5	42.09	0.10	1.520 8	0.04～0.23	对数正态
I	μg/g	5.04	4.579 1	90.92	3.18	2.734 2	0.43～23.80	对数正态
K_2O	%	3.49	1.375 0	39.42	3.19	1.549 7	0.74～6.24	正态
La	μg/g	38.96	14.895 3	38.23	36.29	1.460 0	17.02～77.36	对数正态
Li	μg/g	58.45	29.171 2	49.91	50.92	1.741 7	16.79～154.48	偏态
MgO	%	0.45	0.220 7	49.20	0.40	1.672 9	0.14～1.11	偏态
Mn	μg/g	343.40	187.627 5	54.64	292.55	1.812 1	89.09～960.65	偏态
Mo	μg/g	1.02	0.495 0	48.31	0.91	1.638 6	0.34～2.45	偏态
N	μg/g	1 376.64	520.455 4	37.81	1 272.59	1.519 4	551.25～2 937.87	偏态
Na_2O	%	0.29	0.194 1	67.20	0.23	2.027 4	0.06～0.94	对数正态
Nb	μg/g	26.31	9.271 8	35.24	24.67	1.440 5	11.89～51.18	对数正态
Ni	μg/g	12.20	8.669 8	71.05	9.68	1.967 2	2.50～37.45	偏态
P	μg/g	505.93	203.725 7	40.27	462.71	1.555 9	191.14～1 120.14	偏态
Pb	μg/g	59.62	24.441 8	40.99	53.70	1.637 8	10.74～108.50	正态
pH		4.94	0.373 4	7.56	4.97	1.075 5	4.30～5.75	偏态
Rb	μg/g	288.52	163.422 4	56.64	237.57	1.936 0	63.38～890.43	偏态
S	μg/g	255.63	90.708 1	35.48	239.66	1.443 4	115.03～499.31	偏态
Sb	μg/g	0.66	0.389 2	58.78	0.57	1.727 8	0.19～1.69	偏态
Sc	μg/g	8.42	2.960 9	35.18	7.92	1.419 6	3.93～15.96	对数正态
Se	μg/g	0.44	0.210 4	47.68	0.40	1.594 8	0.16～1.01	对数正态
SiO_2	%	65.55	6.402 2	9.77	65.23	1.103 9	52.75～78.35	正态
Sn	μg/g	15.98	11.297 5	70.72	11.92	2.254 2	2.35～60.57	偏态
Sr	μg/g	27.74	13.103 6	47.24	24.87	1.604 6	9.66～64.03	对数正态

续表 5-18

元素/指标	单位	算数平均值	算数标准差	变异系数	几何平均值	几何标准差	背景值	浓度概率分布类型
TC	%	1.69	0.696 8	41.19	1.55	1.555 9	0.64～3.74	偏态
TFe$_2$O$_3$	%	3.48	1.693 8	48.74	3.09	1.631 8	1.16～8.23	对数正态
Th	μg/g	33.49	18.466 0	55.14	28.43	1.802 1	8.75～92.33	对数正态
Ti	μg/g	3 369.21	1 401.338 7	41.59	3 041.18	1.614 5	566.53～6 171.89	正态
Tl	μg/g	1.87	0.972 4	52.11	1.59	1.811 4	0.49～5.22	偏态
U	μg/g	10.39	6.254 8	60.21	8.22	2.089 7	1.88～35.90	偏态
V	μg/g	55.84	33.822 9	60.57	45.56	1.949 8	11.98～173.21	偏态
W	μg/g	7.34	4.756 4	64.77	5.93	1.950 4	1.56～22.57	对数正态
Y	μg/g	32.19	11.432 2	35.52	30.31	1.415 1	15.13～60.69	对数正态
Zn	μg/g	67.57	21.471 1	31.78	64.07	1.397 7	32.80～125.16	偏态
Zr	μg/g	241.15	69.922 5	29.00	230.54	1.361 3	124.41～427.22	偏态

注:"变异系数"单位为%。

表 5-19 韶关市赤红壤环境背景值参数统计表($n=276$)

元素/指标	单位	算数平均值	算数标准差	变异系数	几何平均值	几何标准差	背景值	浓度概率分布类型
Ag	μg/g	0.07	0.025 6	37.94	0.06	1.504 9	0.03～0.14	偏态
Al$_2$O$_3$	%	17.46	4.971 2	28.48	16.70	1.360 3	7.52～27.40	正态
As	μg/g	8.15	8.351 7	102.42	4.92	2.767 9	0.64～37.72	对数正态
Au	ng/g	1.19	0.693 4	58.04	1.01	1.816 3	0.31～3.32	对数正态
B	μg/g	54.06	49.539 3	91.63	33.84	2.726 8	4.55～251.62	对数正态
Ba	μg/g	373.81	173.916 4	46.52	328.91	1.725 8	110.43～979.61	偏态
Be	μg/g	2.79	1.250 4	44.88	2.50	1.622 4	0.95～6.58	偏态
Bi	μg/g	0.79	0.447 4	56.74	0.67	1.766 6	0.22～2.10	对数正态
Br	μg/g	2.28	0.985 8	43.33	2.09	1.508 5	0.92～4.75	对数正态
CaO	%	0.14	0.068 4	48.48	0.12	1.684 9	0.04～0.35	偏态
Cd	μg/g	0.10	0.037 8	38.17	0.09	1.472 2	0.04～0.20	对数正态
Ce	μg/g	125.56	56.237 0	44.79	113.64	1.573 2	45.92～281.27	对数正态
Cl	μg/g	53.13	12.688 6	23.88	51.68	1.265 9	32.25～82.81	对数正态
Co	μg/g	5.16	2.526 7	48.99	4.48	1.757 3	1.45～13.83	偏态
Corg	%	1.29	0.492 1	38.21	1.19	1.545 9	0.50～2.83	偏态
Cr	μg/g	39.95	28.469 0	71.26	29.73	2.267 5	5.78～152.84	偏态
Cu	μg/g	13.35	7.526 8	56.39	11.05	1.924 5	2.98～40.94	偏态
F	μg/g	449.42	100.261 6	22.31	438.36	1.251 6	279.83～686.69	对数正态

续表 5－19

元素/指标	单位	算数平均值	算数标准差	变异系数	几何平均值	几何标准差	背景值	浓度概率分布类型
Ga	μg/g	21.26	6.543 0	30.78	20.11	1.419 6	8.17～34.35	正态
Ge	μg/g	1.51	0.217 6	14.38	1.50	1.150 9	1.13～1.98	偏态
Hg	μg/g	0.10	0.036 5	37.59	0.09	1.484 5	0.04～0.20	偏态
I	μg/g	1.40	0.794 2	56.74	1.22	1.648 7	0.45～3.33	偏态
K_2O	%	3.05	1.314 9	43.06	2.77	1.570 3	1.12～6.83	偏态
La	μg/g	59.15	30.955 5	52.34	51.58	1.706 5	17.71～150.22	对数正态
Li	μg/g	32.16	12.028 8	37.41	30.00	1.457 8	14.11～63.75	对数正态
MgO	%	0.37	0.148 6	40.32	0.34	1.527 5	0.15～0.79	偏态
Mn	μg/g	253.96	131.431 1	51.75	220.05	1.752 0	71.69～675.44	偏态
Mo	μg/g	0.85	0.366 6	42.99	0.77	1.567 0	0.32～1.90	偏态
N	μg/g	1 203.11	425.919 1	35.40	1 122.40	1.477 3	514.29～2 449.55	偏态
Na_2O	%	0.25	0.152 6	61.83	0.20	1.918 3	0.06～0.75	对数正态
Nb	μg/g	24.88	8.467 9	34.03	23.50	1.406 6	11.88～46.49	对数正态
Ni	μg/g	11.99	7.070 8	58.95	9.94	1.891 1	2.78～35.53	对数正态
P	μg/g	519.21	256.288 9	49.36	451.31	1.759 1	145.85～1 396.55	偏态
Pb	μg/g	45.96	20.635 9	44.90	40.92	1.664 2	14.78～113.33	偏态
pH		5.01	0.370 4	7.40	4.99	1.075 8	4.31～5.78	偏态
Rb	μg/g	199.36	116.106 2	58.24	167.58	1.828 3	50.13～560.15	对数正态
S	μg/g	241.09	89.474 5	37.11	225.09	1.453 4	106.56～475.47	对数正态
Sb	μg/g	0.57	0.403 8	71.05	0.46	1.855 5	0.13～1.59	偏态
Sc	μg/g	8.76	2.799 1	31.96	8.30	1.395 1	4.27～16.16	偏态
Se	μg/g	0.30	0.104 1	35.07	0.28	1.417 1	0.14～0.56	对数正态
SiO_2	%	66.46	6.813 1	10.25	66.11	1.108 9	52.83～80.09	正态
Sn	μg/g	7.18	3.567 9	49.71	6.35	1.649 3	2.33～17.28	对数正态
Sr	μg/g	37.54	19.062 9	50.78	32.58	1.742 6	10.73～98.92	偏态
TC	%	1.38	0.499 7	36.33	1.28	1.483 6	0.58～2.82	偏态
TFe_2O_3	%	3.50	1.565 6	44.70	3.17	1.583 8	1.26～7.94	偏态
Th	μg/g	29.29	17.771 6	60.67	24.44	1.832 8	7.27～82.08	对数正态
Ti	μg/g	4 030.65	1 424.051 4	35.33	3 716.51	1.558 4	1 182.55～6 878.75	正态
Tl	μg/g	1.27	0.671 9	53.02	1.09	1.764 5	0.35～3.39	对数正态
U	μg/g	7.03	4.439 3	63.17	5.66	1.971 0	1.46～22.00	对数正态
V	μg/g	60.69	29.823 9	49.14	52.65	1.771 9	16.77～165.31	偏态
W	μg/g	4.29	1.726 9	40.28	3.97	1.486 1	1.80～8.76	对数正态
Y	μg/g	36.46	13.512 1	37.06	34.21	1.423 8	16.87～69.34	对数正态

续表 5-19

元素/指标	单位	算数平均值	算数标准差	变异系数	几何平均值	几何标准差	背景值	浓度概率分布类型
Zn	μg/g	61.76	21.905 5	35.47	57.74	1.460 5	27.07～123.17	偏态
Zr	μg/g	340.91	100.898 9	29.60	326.55	1.344 1	180.76～589.95	对数正态

注："变异系数"单位为％。

表 5-20 韶关市黄红壤环境背景值参数统计表（$n=80$）

元素/指标	单位	算数平均值	算数标准差	变异系数	几何平均值	几何标准差	背景值	浓度概率分布类型
Ag	μg/g	0.08	0.027 3	33.58	0.08	1.397 0	0.04～0.15	对数正态
Al_2O_3	％	17.94	3.739 4	20.84	17.54	1.243 2	10.46～25.42	正态
As	μg/g	5.68	4.898 1	86.24	4.24	2.098 2	0.96～18.68	对数正态
Au	ng/g	1.00	0.521 1	52.22	0.88	1.659 7	0.32～2.42	对数正态
B	μg/g	42.24	32.946 2	78.01	31.86	2.129 0	7.03～144.40	对数正态
Ba	μg/g	316.05	131.208 1	41.52	284.70	1.630 4	53.63～578.47	正态
Be	μg/g	5.34	3.001 9	56.19	4.51	1.828 4	1.35～15.08	对数正态
Bi	μg/g	1.77	0.922 0	52.04	1.51	1.816 8	0.46～5.00	偏态
Br	μg/g	4.11	2.622 0	63.78	3.01	1.872 0	0.86～10.56	偏态
CaO	％	0.15	0.076 4	50.89	0.13	1.799 2	0.04～0.42	偏态
Cd	μg/g	0.14	0.054 2	37.92	0.13	1.675 5	0.03～0.25	正态
Ce	μg/g	97.03	31.621 3	32.59	91.89	1.396 3	33.79～160.27	正态
Cl	μg/g	48.97	12.705 1	25.94	47.43	1.284 1	28.77～78.22	对数正态
Co	μg/g	5.23	3.473 4	66.36	4.19	1.993 7	1.05～16.65	对数正态
Corg	％	1.44	0.587 5	40.84	1.32	1.536 6	0.56～3.11	对数正态
Cr	μg/g	29.79	22.599 3	75.86	23.04	2.031 3	5.58～95.05	对数正态
Cu	μg/g	13.83	7.588 1	54.85	11.91	1.761 5	3.84～36.95	对数正态
F	μg/g	525.00	150.115 5	28.59	504.10	1.332 0	284.12～894.38	对数正态
Ga	μg/g	22.22	5.633 3	25.35	21.50	1.298 1	10.95～33.49	正态
Ge	μg/g	1.38	0.174 0	12.60	1.37	1.136 1	1.03～1.73	正态
Hg	μg/g	0.10	0.052 5	50.59	0.09	1.598 1	0.04～0.24	对数正态
I	μg/g	2.33	2.259 6	97.14	1.66	2.146 4	0.36～7.64	偏态
K_2O	％	3.70	1.427 1	38.54	3.38	1.570 7	0.85～6.55	正态
La	μg/g	42.64	16.422 3	38.51	39.42	1.504 5	17.42～89.24	对数正态
Li	μg/g	59.42	24.430 1	41.11	54.23	1.558 3	22.33～131.69	偏态
MgO	％	0.49	0.260 7	52.81	0.43	1.740 4	0.14～1.29	对数正态
Mn	μg/g	281.90	144.841 0	51.38	249.36	1.641 5	92.54～671.91	对数正态

续表 5-20

元素/指标	单位	算数平均值	算数标准差	变异系数	几何平均值	几何标准差	背景值	浓度概率分布类型
Mo	μg/g	0.82	0.364 5	44.21	0.75	1.534 3	0.32~1.77	对数正态
N	μg/g	1 240.63	487.299 3	39.28	1 149.29	1.490 2	517.54~2 552.23	对数正态
Na$_2$O	%	0.29	0.152 3	52.56	0.25	1.797 2	0.08~0.80	对数正态
Nb	μg/g	26.54	8.517 5	32.10	25.23	1.375 6	13.34~47.75	对数正态
Ni	μg/g	12.04	9.063 6	75.30	9.38	1.998 1	2.35~37.44	对数正态
P	μg/g	565.77	244.195 3	43.16	511.37	1.601 4	199.41~1 311.41	偏态
Pb	μg/g	66.38	22.067 2	33.25	62.23	1.465 8	22.25~110.51	正态
pH		5.37	0.699 7	13.04	5.19	1.123 0	4.11~6.54	偏态
Rb	μg/g	285.44	136.382 7	47.78	247.86	1.765 5	12.67~558.21	正态
S	μg/g	224.62	60.182 4	26.79	216.49	1.316 4	104.26~344.98	正态
Sb	μg/g	0.50	0.181 4	36.58	0.46	1.438 1	0.22~0.96	对数正态
Sc	μg/g	8.31	2.524 8	30.38	7.95	1.348 3	4.37~14.45	对数正态
Se	μg/g	0.32	0.120 5	37.09	0.30	1.431 0	0.15~0.62	对数正态
SiO$_2$	%	66.43	5.853 0	8.81	66.16	1.094 5	54.72~78.14	正态
Sn	μg/g	15.02	9.188 8	61.17	12.25	1.954 6	3.21~46.80	对数正态
Sr	μg/g	38.79	17.755 8	45.77	34.72	1.622 7	13.19~91.42	对数正态
TC	%	1.48	0.588 8	39.65	1.38	1.472 0	0.64~2.99	对数正态
TFe$_2$O$_3$	%	3.02	1.293 7	42.88	2.76	1.533 2	1.17~6.48	对数正态
Th	μg/g	35.79	18.525 6	51.76	30.75	1.779 3	9.71~97.35	对数正态
Ti	μg/g	3 480.76	1 264.066 7	36.32	3 221.19	1.518 3	952.63~6 008.89	正态
Tl	μg/g	1.81	0.780 5	43.07	1.63	1.619 3	0.25~3.37	正态
U	μg/g	10.66	5.122 7	48.06	9.05	1.879 8	0.41~20.91	正态
V	μg/g	52.29	28.966 5	55.39	44.44	1.812 1	13.53~145.91	对数正态
W	μg/g	6.33	4.199 4	66.38	5.20	1.856 7	1.51~17.91	对数正态
Y	μg/g	29.39	8.941 8	30.42	28.16	1.337 9	15.73~50.40	对数正态
Zn	μg/g	72.23	19.609 2	27.15	69.69	1.306 1	40.85~118.88	对数正态
Zr	μg/g	251.95	66.315 3	26.32	242.71	1.324 6	119.32~384.58	正态

注："变异系数"单位为%。

表 5-21 韶关市石灰土环境背景值参数统计表（$n=328$）

元素/指标	单位	算数平均值	算数标准差	变异系数	几何平均值	几何标准差	背景值	浓度概率分布类型
Ag	μg/g	0.09	0.041 0	44.71	0.08	1.548 9	0.03~0.20	对数正态
Al$_2$O$_3$	%	15.07	4.089 7	27.14	14.53	1.312 2	8.44~25.02	对数正态

续表 5-21

元素/指标	单位	算数平均值	算数标准差	变异系数	几何平均值	几何标准差	背景值	浓度概率分布类型
As	μg/g	23.97	15.969 0	66.63	18.89	2.077 0	4.38～81.51	偏态
Au	ng/g	2.23	1.354 5	60.61	1.84	1.912 7	0.50～6.75	偏态
B	μg/g	121.08	69.097 1	57.07	99.97	1.989 3	25.26～395.60	偏态
Ba	μg/g	248.88	83.999 0	33.75	234.82	1.414 6	117.35～469.90	偏态
Be	μg/g	2.09	0.806 7	38.59	1.95	1.465 1	0.91～4.18	对数正态
Bi	μg/g	0.87	0.449 8	51.95	0.77	1.608 7	0.30～1.99	偏态
Br	μg/g	3.52	1.872 3	53.20	3.06	1.706 3	1.05～8.91	对数正态
CaO	%	0.32	0.221 8	68.85	0.25	2.148 3	0.05～1.15	偏态
Cd	μg/g	0.42	0.263 6	62.05	0.34	2.042 2	0.08～1.42	偏态
Ce	μg/g	78.29	18.549 8	23.69	76.05	1.277 2	46.62～124.06	偏态
Cl	μg/g	43.72	13.890 1	31.77	41.51	1.388 4	21.53～80.01	偏态
Co	μg/g	11.10	6.054 5	54.53	9.32	1.891 4	2.61～33.35	偏态
Corg	%	1.46	0.577 4	39.63	1.34	1.515 1	0.58～3.08	偏态
Cr	μg/g	71.31	28.289 9	39.67	63.62	1.739 9	14.73～127.89	正态
Cu	μg/g	23.76	10.233 0	43.07	21.51	1.603 2	8.37～55.28	偏态
F	μg/g	816.28	341.945 5	41.89	749.44	1.515 8	326.18～1 721.96	对数正态
Ga	μg/g	18.59	6.201 4	33.36	17.61	1.392 4	9.08～34.13	对数正态
Ge	μg/g	1.42	0.232 4	16.40	1.40	1.173 8	1.01～1.93	偏态
Hg	μg/g	0.16	0.079 3	49.49	0.14	1.622 6	0.05～0.38	对数正态
I	μg/g	4.34	3.926 2	90.38	2.76	2.714 0	0.37～20.32	对数正态
K_2O	%	2.04	0.854 2	41.82	1.87	1.528 9	0.80～4.38	偏态
La	μg/g	35.62	8.904 2	25.00	34.48	1.295 4	20.55～57.87	偏态
Li	μg/g	50.07	21.183 6	42.31	45.40	1.599 7	17.74～116.17	偏态
MgO	%	0.70	0.330 9	47.41	0.62	1.646 3	0.23～1.68	偏态
Mn	μg/g	558.67	466.991 5	83.59	395.20	2.355 3	71.24～2 192.36	对数正态
Mo	μg/g	1.28	0.755 1	58.91	1.08	1.797 6	0.34～3.50	对数正态
N	μg/g	1 427.88	509.351 9	35.67	1 337.89	1.445 0	640.74～2 793.54	偏态
Na_2O	%	0.17	0.081 7	49.40	0.15	1.614 4	0.06～0.38	对数正态
Nb	μg/g	19.57	4.246 0	21.70	19.12	1.242 6	12.38～29.52	偏态
Ni	μg/g	24.75	11.263 3	45.51	21.86	1.716 9	7.42～64.44	偏态
P	μg/g	607.64	263.488 2	43.36	553.92	1.543 8	232.42～1 320.17	对数正态
Pb	μg/g	46.04	20.262 7	44.01	41.88	1.555 8	17.30～101.37	对数正态
pH		5.46	5.217 1	173.26	6.47	1.182 1	4.63～9.04	对数正态

续表 5-21

元素/指标	单位	算数平均值	算数标准差	变异系数	几何平均值	几何标准差	背景值	浓度概率分布类型
Rb	µg/g	107.91	37.483 2	34.74	100.96	1.467 4	46.89~217.40	偏态
S	µg/g	255.99	78.307 3	30.59	243.98	1.370 7	129.86~458.39	偏态
Sb	µg/g	3.63	2.992 7	82.38	2.63	2.275 8	0.51~13.60	对数正态
Sc	µg/g	10.95	3.450 5	31.52	10.38	1.399 4	5.30~20.33	偏态
Se	µg/g	0.47	0.170 2	36.48	0.44	1.446 9	0.21~0.91	对数正态
SiO_2	%	65.09	9.236 9	14.19	64.38	1.164 2	47.50~87.26	偏态
Sn	µg/g	4.72	1.539 4	32.61	4.49	1.366 9	2.40~8.39	对数正态
Sr	µg/g	46.36	23.402 5	50.48	40.78	1.678 4	14.48~114.88	对数正态
TC	%	1.64	0.716 7	43.67	1.50	1.544 9	0.63~3.57	对数正态
TFe_2O_3	%	4.84	1.644 7	33.99	4.54	1.452 7	2.15~9.58	偏态
Th	µg/g	14.07	2.673 5	19.01	13.81	1.217 0	8.72~19.42	正态
Ti	µg/g	4 766.39	1 296.707 1	27.21	4 549.13	1.391 3	2 350.1~8 805.83	偏态
Tl	µg/g	0.96	0.451 8	47.06	0.87	1.574 7	0.35~2.15	对数正态
U	µg/g	3.80	1.335 6	35.17	3.58	1.410 2	1.80~7.12	对数正态
V	µg/g	88.11	32.152 4	36.49	81.18	1.550 3	23.81~152.41	正态
W	µg/g	5.41	3.142 1	58.11	4.65	1.721 4	1.57~13.77	偏态
Y	µg/g	28.00	6.472 8	23.11	25.73	1.275 1	15.83~41.84	偏态
Zn	µg/g	83.81	28.612 5	34.14	78.58	1.456 8	37.03~166.78	偏态
Zr	µg/g	284.14	64.540 2	22.71	276.59	1.266 3	155.06~413.22	正态

注:"变异系数"单位为%。

表 5-22 韶关市紫色土环境背景值参数统计表($n=168$)

元素/指标	单位	算数平均值	算数标准差	变异系数	几何平均值	几何标准差	背景值	浓度概率分布类型
Ag	µg/g	0.09	0.025 6	27.82	0.09	1.346 7	0.04~0.14	正态
Al_2O_3	%	11.90	2.859 1	24.02	11.58	1.263 7	7.25~18.49	对数正态
As	µg/g	6.94	3.557 6	51.27	6.10	1.677 6	2.17~17.16	对数正态
Au	ng/g	1.51	0.655 9	43.52	1.35	1.655 2	0.49~3.69	偏态
B	µg/g	64.70	28.900 4	44.67	58.13	1.614 5	22.30~151.51	偏态
Ba	µg/g	304.64	72.163 8	23.69	295.18	1.297 4	160.31~448.97	正态
Be	µg/g	2.58	1.273 8	49.45	2.30	1.598 6	0.90~5.89	对数正态
Bi	µg/g	0.68	0.299 5	43.82	0.62	1.551 9	0.26~1.50	对数正态
Br	µg/g	2.09	0.865 5	41.50	1.91	1.533 0	0.81~4.49	对数正态
CaO	%	0.23	0.109 3	48.52	0.20	1.735 7	0.07~0.59	偏态
Cd	µg/g	0.22	0.135 1	62.41	0.17	2.021 2	0.04~0.71	偏态

续表 5-22

元素/指标	单位	算数平均值	算数标准差	变异系数	几何平均值	几何标准差	背景值	浓度概率分布类型
Ce	μg/g	72.51	26.3151	36.29	67.65	1.4652	31.51～145.23	偏态
Cl	μg/g	50.31	14.3495	28.52	48.13	1.3616	21.61～79.01	正态
Co	μg/g	8.03	4.3029	53.58	6.94	1.7334	2.31～20.86	对数正态
Corg	%	1.26	0.7829	62.03	1.01	2.0514	0.24～4.26	偏态
Cr	μg/g	47.46	17.6396	37.17	43.94	1.5043	12.18～82.74	正态
Cu	μg/g	19.80	6.9750	35.23	18.51	1.4596	8.69～39.44	偏态
F	μg/g	552.45	179.2943	32.45	523.25	1.3986	267.50～1 023.52	对数正态
Ga	μg/g	13.59	4.3783	32.21	12.92	1.3743	6.84～24.41	对数正态
Ge	μg/g	1.30	0.1456	11.24	1.29	1.1189	1.01～1.59	正态
Hg	μg/g	0.09	0.0467	53.11	0.08	1.6942	0.03～0.22	对数正态
I	μg/g	0.98	0.3888	39.77	0.90	1.4979	0.40～2.03	对数正态
K_2O	%	2.39	0.7910	33.10	2.25	1.4280	1.10～4.59	偏态
La	μg/g	36.47	12.8313	35.19	34.18	1.4444	16.39～71.32	偏态
Li	μg/g	52.86	19.7503	37.36	49.39	1.4482	23.55～103.59	对数正态
MgO	%	0.76	0.3934	51.65	0.67	1.6757	0.24～1.88	对数正态
Mn	μg/g	270.84	155.8016	57.53	228.37	1.8264	68.46～761.77	对数正态
Mo	μg/g	0.57	0.2314	40.52	0.53	1.4825	0.24～1.16	对数正态
N	μg/g	1 187.07	642.9733	54.16	1 015.36	1.7906	316.68～3 255.50	偏态
Na_2O	%	0.29	0.1543	53.68	0.25	1.8072	0.08～0.80	偏态
Nb	μg/g	17.57	5.7421	32.69	16.61	1.4087	8.37～32.95	偏态
Ni	μg/g	17.51	8.1567	46.58	15.66	1.6211	5.96～41.16	对数正态
P	μg/g	501.61	222.5696	44.37	451.79	1.6086	174.60～1 169.05	偏态
Pb	μg/g	33.45	8.0565	24.08	32.49	1.2781	19.89～53.07	偏态
pH		6.63	1.2071	18.21	6.52	1.2030	4.22～9.04	正态
Rb	μg/g	148.24	62.7133	42.30	136.12	1.5149	59.32～312.39	对数正态
S	μg/g	220.42	115.8411	52.56	193.17	1.6736	68.97～541.06	对数正态
Sb	μg/g	0.91	0.4411	48.56	0.81	1.6082	0.31～2.10	对数正态
Sc	μg/g	7.63	2.7369	35.88	7.10	1.4798	2.16～13.10	正态
Se	μg/g	0.25	0.0937	37.49	0.23	1.4490	0.11～0.49	对数正态
SiO_2	%	72.25	8.3020	11.49	71.74	1.1281	56.37～91.30	偏态
Sn	μg/g	5.32	2.2833	42.90	4.88	1.5184	2.12～11.25	对数正态
Sr	μg/g	54.55	20.9951	38.49	50.00	1.5784	20.07～124.57	偏态
TC	%	1.50	0.9692	64.76	1.22	1.9067	0.34～4.44	对数正态
TFe_2O_3	%	3.45	1.4161	41.06	3.16	1.5414	1.33～7.50	对数正态

续表 5-22

元素/指标	单位	算数平均值	算数标准差	变异系数	几何平均值	几何标准差	背景值	浓度概率分布类型
Th	μg/g	15.21	6.606 4	43.44	13.91	1.522 8	6.00～32.26	对数正态
Ti	μg/g	3 923.48	1 240.237 5	31.61	3 708.09	1.418 8	1 443.00～6 403.96	正态
Tl	μg/g	0.90	0.326 7	36.35	0.84	1.432 9	0.41～1.73	对数正态
U	μg/g	3.24	1.598 8	49.33	2.88	1.623 8	1.09～7.60	对数正态
V	μg/g	61.30	22.251 0	36.30	56.91	1.493 4	16.80～105.80	正态
W	μg/g	3.34	1.301 8	38.97	3.08	1.518 6	1.34～7.10	偏态
Y	μg/g	26.46	7.800 8	29.48	25.29	1.357 6	13.72～46.61	对数正态
Zn	μg/g	60.49	22.614 1	37.38	56.29	1.472 9	25.95～122.11	对数正态
Zr	μg/g	292.42	90.865 3	31.07	278.68	1.366 8	149.17～520.61	对数正态

注:"变异系数"单位为%。

表 5-23 各土类单元背景值与全区土壤环境背景值比值统计

土类单元	$K \leqslant 0.6$	$0.6 < K \leqslant 0.8$	$0.8 < K < 1.2$	$1.2 \leqslant K < 1.4$	$K \geqslant 1.4$
红壤			Br、I、Ag、As、Au、B、Ba、Be、Bi、Cd、Ce、Cl、Co、Cr、Cu、F、Ga、Ge、Hg、La、Li、Mn、Mo、N、Nb、Ni、P、Pb、Rb、S、Sb、Sc、Se、Sn、Sr、Th、Ti、Tl、U、V、W、Y、Zn、Zr、SiO$_2$、Al$_2$O$_3$、Fe$_2$O$_3$、MgO、CaO、Na$_2$O、K$_2$O、TC、Corg、pH		
潴育型水稻土		Br、I	Ag、As、Au、B、Ba、Be、Bi、Cd、Ce、Cl、Co、Cr、Cu、F、Ga、Ge、Hg、La、Li、Mn、Mo、N、Nb、Ni、P、Pb、Rb、S、Sb、Sc、Se、Sn、Sr、Th、Ti、Tl、U、V、W、Y、Zn、Zr、SiO$_2$、Al$_2$O$_3$、Fe$_2$O$_3$、MgO、CaO、Na$_2$O、K$_2$O、TC、Corg、pH		
黄壤		B、As、Cr、CaO、Sb、Ni、Co、Sr、Au	V、Cu、Zr、MgO、Ti、Ba、Fe$_2$O$_3$、pH、Sc、La、SiO$_2$、P、Cd、Zn、F、Ce、Ag、Ge、Y、Hg、Cl、S、Nb、N、Mn、Mo、Li、Al$_2$O$_3$	TC、Se、Ga、Corg、Na$_2$O、Pb、W、Th、K$_2$O	Tl、Rb、U、Be、Sn、Br、Bi、I
赤红壤		Sb、Cd、Li、B、As、Bi、Cu、MgO、Ag	Ni、Br、Co、Cr、Sn、Au、Se、F、Mn、W、Be、I、Pb、Zn、pH、V、Hg、P、CaO、Fe$_2$O$_3$、Tl、SiO$_2$、Sc、Corg、TC、Mo、Rb、N、Sr、U、S、K$_2$O、Ge、Nb、Ti、Cl、Na$_2$O、Th、Al$_2$O$_3$、Ba、Ga、Y、Zr	Ce、La	

续表 5-23

土类单元	$K\leqslant 0.6$	$0.6<K\leqslant 0.8$	$0.8<K<1.2$	$1.2\leqslant K<1.4$	$K\geqslant 1.4$
黄红壤		As、Sb、Cr、B、Au、Ni、Co、V	Cu、Fe_2O_3、Zr、Se、Sc、Ti、Cd、Y、Mo、Hg、SiO_2、pH、Ag、MgO、Mn、CaO、Ge、F、Cl、La、N、S、TC、P、Sr、Zn、Corg、Ba、Ce、W、Br、Nb、Al_2O_3	I、Ga、Li、Na_2O	K_2O、Th、Pb、Be、Tl、Sn、Bi、Rb、U
石灰土	Sn	Rb、Th、U、Be、K_2O、Tl	Na_2O、Ba、Bi、Ce、Y、Cl、Nb、La、Pb、SiO_2、Al_2O_3、Ga、Ge、W、Zr、Li、Ag、Corg、S、TC、P、Br	N、pH、Sc、Ti、Zn、Sr、Se、Fe_2O_3、Mo	MgO、Cu、F、Hg、Au、Mn、V、Co、Ni、CaO、I、Cr、B、Cd、As、Sb
紫色土	U	Sn、Th、I、Bi、Mo、W、Pb、Ga、Se、Br、Tl、Al_2O_3、Nb、Ce	Hg、Rb、Be、Corg、Y、K_2O、Zn、La、As、S、Mn、Sc、N、Ge、TC、Fe_2O_3、P、Zr、F、SiO_2、Ti、Cl、Ba、V、Sb、Au、Li、Ag、Cd	B、Cu、pH、Ni、Co、Cr、Na_2O	CaO、MgO、Sr

表 5-24　各土类单元背景值与全区地球化学基准值比值统计

土类单元	$K\leqslant 0.6$	$0.6<K\leqslant 0.8$	$0.8<K<1.2$	$1.2\leqslant K<1.4$	$K\geqslant 1.4$
红壤	I	Mo、Ni、Ga、Co、Ge、Mn、Fe_2O_3	V、Li、Al_2O_3、U、Cr、As、Tl、Sc、pH、Th、MgO、Sr、Be、F、Rb、Nb、Zn、K_2O、Ti、Cu、W、B、Ba、Sb、CaO、Sn、Bi、Ce、Na_2O、Y、Zr、SiO_2、Pb、La、Cl、Au	Se、Br、Hg	Ag、P、S、Cd、N、TC、Corg
潴育型水稻土	I	Mo、Mn、Ga、U、Tl、Al_2O_3、Ge、Th、Ni	Be、As、Rb、Fe_2O_3、Co、Bi、Li、Sc、Sn、K_2O、V、W、Nb、Br、pH、Cr、MgO、F、Zn、Ce、Pb、Ba、Ti、Cu、Y、Sb、Se、SiO_2	La、Sr、Cl、Na_2O、B、Zr、CaO、Hg、Au	Ag、P、S、Cd、N、TC、Corg
黄壤	Ni	As、Co、B、Cr、V、Fe_2O_3、Sr、Sb、Ge	Sc、Cu、Mo、CaO、pH、Ti、MgO、Ba、Mn、Zr、I、Ga、Au、Al_2O_3、F、Zn、Li、SiO_2、La、Ce、Nb、Y	Th、Tl、W、U、K_2O、Cl、Rb、Be	Pb、Na_2O、Hg、Ag、Se、Sn、P、Bi、Cd、S、Br、N、TC、Corg
赤红壤	I、Li、Ni	As、Sb、Co、Mn、Mo、B、Cr、Bi、Cu、MgO、V、Fe_2O_3、Be	Tl、pH、W、Ge、F、Sc、Sn、U、Zn、Ga、Al_2O_3、Rb、Pb、Ti、Sr、CaO、Au、K_2O、Nb、Th、Br、SiO_2、Ba、Se	Ag、Na_2O、Y、Cd、Zr、Cl、Hg、Ce	La、P、S、N、TC、Corg

续表 5-24

土类单元	$K \leqslant 0.6$	$0.6 < K \leqslant 0.8$	$0.8 < K < 1.2$	$1.2 \leqslant K < 1.4$	$K \geqslant 1.4$
黄红壤	I、As、Cr、Ni	Co、Sb、V、B、Mo、Fe_2O_3、Ge、Mn、Cu	Sc、Ti、pH、Au、MgO、Ga、F、Al_2O_3、Zr、Y、Li、SiO_2、CaO、Zn、Sr、W、Ba、Nb、La、Ce	Cl、Se、Th、K_2O、Tl、Hg	Be、Br、Ag、Na_2O、Pb、Rb、Bi、U、Sn、P、Cd、S、N、TC、Corg
石灰土	U、Rb、Th	Sn、Be、Tl、K_2O、Ga、Ge、Al_2O_3、I	Ba、Bi、Nb、Li、Ce、Na_2O、Y、Mo、W、La、Pb、SiO_2、Sc、Cl、pH、Fe_2O_3、Ti、Zr、Zn	Mn、Sr、V、Ni、MgO、Co、Cu	Br、F、Ag、Cr、Se、Au、CaO、P、B、Hg、S、As、Sb、N、Cd、TC、Corg
紫色土	I、U、Mo、Ga、Th	Al_2O_3、Tl、W、Bi、Sn、Mn、Ge、Nb、Be、Rb、Fe_2O_3、As、Sc、Pb	Ce、K_2O、Zn、V、Y、Ni、Br、Se、Li、Ti、La、F、Co、Ba、pH、Zr、Sb、SiO_2、Hg、Cr、B	Cu、Cl、Au	MgO、Na_2O、Sr、CaO、P、Ag、S、Cd、N、TC、Corg

第五节 主要行政区土壤环境背景值

韶关市下辖浈江区、武江区、曲江区、乐昌市、南雄市、始兴县、仁化县、翁源县、新丰县及乳源瑶族自治县（简称乳源县），合计3个区7个县（市）。按照该地级市下辖的县级行政区域划分，本次调查分为10个行政区域单元，分别对其土壤环境背景值进行分析研究。

韶关市10个县级区域土壤环境背景值相关参数列于表5-25至表5-34。总体来看，不同行政区元素/指标背景值具有明显的分异特征，各行政区均有各自不同的呈富集趋势的元素/指标（表5-35）。其中，分异富集贫化最为明显的是新丰县、浈江区和南雄市，这3个市（县、区）高背景及低背景元素/指标数量占了全区极大的一部分；乐昌市、乳源县、翁源县以及武江区的4个市（县、区）高背景及低背景元素/指标占少数；仁化县没有高背景元素；而曲江区、始兴县大部分元素背景值介于各市（县、区）之间。各行政区背景值含量特征如下。

浈江区土壤元素/指标的富集及贫化趋势为10个行政区里元素/指标数量最多的。其中，背景值为各区最高的元素/指标包括 As、Au、CaO、Cd、Cr、Cu、Hg、Ni、Sb、SiO_2、Sr、Fe_2O_3、Ti、V，主要是亲铜成矿元素、铁族元素及分散元素，值得注意的是本区的 Cd、As、Sb 背景值分别为全区背景的 2.1 倍、2.2 倍、3.5 倍，广东省土壤背景值的 7.5 倍、2.2 倍、6.1 倍，土壤环境背景值高达 $0.31\mu g/g$、$14.70\mu g/g$、$2.52\mu g/g$；而背景值为各行政区最低的元素/指标有 Al_2O_3、Ba、Be、Ce、Cl、Ga、K_2O、Na_2O、Nb、Pb、Rb、Sn、Th、Tl、U、W，主要包括造岩元素、放射性元素及部分稀有稀土元素（表5-25）。

武江区 Ge、Pb、W、Y 等元素背景值为全区最高值，背景值为各区最低的元素仅有 P（表5-26）。

曲江区大部分元素也表现出与全区土壤背景值相当的特点，其中 Ag、Bi 与各区相比为背景值最高，背景值最低的仅 Mn（表5-27）。

乐昌市土壤环境背景值的碱性最高,pH 背景值为 6.01,在 10 个行政区中,其土壤 Co、F、MgO、Mn、P、pH、Zn 的背景值为全区最高,主要为部分铁族元素(Co、Mn)、矿化剂及卤族元素(F、P),而 Y 为全市背景最低值(表 5-28)。

南雄市 Ba、Be、K_2O、La、Li、Na_2O、Rb、Sn 的背景值为各区最高,主要为各类造岩元素、稀有稀土元素及分散元素;Br、Corg、Hg、I、Mo、N、S、Se、TC 等元素/指标则为全区背景最低(表 5-29)。

仁化县土壤环境背景值中无背景值最高的指标,但 Co、Ge、Sc、Fe_2O_3、Ti、V 的含量为各区最低背景,主要为铁族元素及个别稀有稀土元素(表 5-30)。

始兴县仅 Tl 为全区背景最高,且与全区土壤背景值的比值也仅为 1.1,接近于全区土壤环境背景值。该县土壤环境背景值表现出来的特点是:与全区其他行政区相比,其背景值含量不富集,也无贫化趋势,均与各区相当(表 5-31)。

翁源县大部分元素/指标表现得与全区土壤背景值相当,仅少量元素背景值表现为全区最高或最低。其中,B、Sc 为各区最高值,而 Bi、Sr、Zn 表现为全区背景最低(表 5-32)。

新丰县土壤环境酸度最为强烈,土壤 pH 环境背景值为 4.98。其中,Al_2O_3、Ce、Cl、Ga、Nb、Th、U、Zr 的背景值为全区最高,主要为各类放射性元素、分散元素及稀有稀土元素;与其他 9 个行政区相比,新丰县在各区中最低的元素/指标数量是比较多的,仅次于浈江区,共有 14 项,包括 Ag、As、Au、B、Cd、Cr、Cu、F、Li、MgO、Ni、pH、Sb、SiO_2(表 5-33)。

乳源县 Br、Corg、I、Mo、N、S、Se、TC 背景值为各区最高,大部分的矿化剂及卤族元素、TC 和 Corg,特别是 I 的含量与全区背景值的比值为 2.92,接近全区的 3 倍;CaO、La、Zr 表现为全区背景最低(表 5-34)。

表 5-25 浈江区土壤环境背景值参数统计表($n=123$)

元素/指标	单位	算数平均值	算数标准差	变异系数	几何平均值	几何标准差	背景值	浓度概率分布类型
Ag	μg/g	0.09	0.031 5	35.73	0.08	1.412 3	0.04~0.17	对数正态
Al_2O_3	%	12.34	3.108 3	25.19	11.96	1.285 2	7.24~19.75	对数正态
As	μg/g	17.75	10.386 2	58.52	14.70	1.928 4	3.95~54.65	偏态
Au	ng/g	1.95	0.892 3	45.75	1.76	1.567 5	0.72~4.33	对数正态
B	μg/g	69.11	26.478 1	38.31	64.17	1.476 1	29.45~139.82	对数正态
Ba	μg/g	229.42	85.200 3	37.14	213.13	1.483 3	96.87~468.92	对数正态
Be	μg/g	1.57	0.761 1	48.59	1.40	1.624 4	0.53~3.68	对数正态
Bi	μg/g	0.73	0.337 9	46.47	0.66	1.551 7	0.27~1.59	对数正态
Br	μg/g	2.97	2.011 1	67.79	2.41	1.913 8	0.66~8.81	对数正态
CaO	%	0.23	0.140 1	59.95	0.19	1.945 2	0.05~0.72	偏态
Cd	μg/g	0.36	0.212 9	58.48	0.31	1.793 1	0.10~0.99	对数正态
Ce	μg/g	68.12	15.741 1	23.11	66.36	1.256 4	42.04~104.76	对数正态
Cl	μg/g	40.73	11.935 4	29.30	39.05	1.338 3	21.80~69.94	对数正态
Co	μg/g	7.87	4.011 5	50.97	6.85	1.728 0	2.29~20.46	偏态
Corg	%	1.24	0.548 7	44.34	1.11	1.631 0	0.42~2.95	偏态
Cr	μg/g	67.94	23.972 6	35.28	63.91	1.422 0	31.60~129.23	对数正态
Cu	μg/g	21.39	5.860 7	27.40	20.56	1.330 4	11.62~36.40	偏态

续表 5-25

元素/指标	单位	算数平均值	算数标准差	变异系数	几何平均值	几何标准差	背景值	浓度概率分布类型
F	μg/g	514.63	149.500 2	29.05	493.35	1.339 3	275.04～884.94	对数正态
Ga	μg/g	14.51	4.412 5	30.40	13.87	1.349 6	7.62～25.27	对数正态
Ge	μg/g	1.36	0.205 7	15.14	1.34	1.161 2	1.00～1.81	对数正态
Hg	μg/g	0.15	0.073 4	48.39	0.13	1.717 0	0.05～0.39	偏态
I	μg/g	2.75	2.517 7	91.65	1.88	2.393 9	0.33～10.75	偏态
K_2O	%	1.49	0.672 2	45.24	1.34	1.598 2	0.52～3.42	对数正态
La	μg/g	33.75	8.017 8	23.76	32.84	1.261 4	20.64～52.26	对数正态
Li	μg/g	47.13	16.265 4	34.51	44.54	1.400 2	22.72～87.32	对数正态
MgO	%	0.48	0.186 3	39.00	0.44	1.508 0	0.19～1.00	对数正态
Mn	μg/g	345.67	210.262 1	60.83	282.09	1.950 4	74.15～1 073.08	对数正态
Mo	μg/g	0.93	0.438 9	47.32	0.83	1.605 6	0.32～2.14	对数正态
N	μg/g	1 108.82	438.405 9	39.54	1 024.06	1.499 7	455.32～2 303.22	对数正态
Na_2O	%	0.15	0.088 5	58.81	0.13	1.699 6	0.04～0.37	偏态
Nb	μg/g	17.26	3.059 0	17.72	16.98	1.199 8	11.14～23.38	正态
Ni	μg/g	20.32	9.128 3	44.93	18.39	1.573 0	7.43～45.50	对数正态
P	μg/g	466.26	182.777 5	39.20	430.93	1.500 2	191.47～969.85	对数正态
Pb	μg/g	34.28	10.180 9	29.70	32.84	1.339 9	18.29～58.96	对数正态
pH		5.79	1.018 8	17.58	5.71	1.188 1	4.04～8.06	对数正态
Rb	μg/g	89.14	47.398 9	53.17	78.52	1.643 6	29.07～212.12	对数正态
S	μg/g	235.06	80.607 4	34.29	221.33	1.421 7	109.50～447.36	对数正态
Sb	μg/g	3.27	2.523 9	77.21	2.52	2.041 3	0.61～10.51	对数正态
Sc	μg/g	9.28	2.853 6	30.76	8.85	1.364 7	4.75～16.47	对数正态
Se	μg/g	0.45	0.228 0	50.77	0.40	1.623 6	0.15～1.05	对数正态
SiO_2	%	72.40	6.615 6	9.14	72.09	1.097 3	59.17～85.63	正态
Sn	μg/g	3.93	1.165 1	29.63	3.77	1.331 2	2.13～6.69	对数正态
Sr	μg/g	50.28	15.419 5	30.67	47.92	1.370 5	25.51～90.00	对数正态
TC	%	1.29	0.555 8	43.08	1.17	1.600 4	0.45～2.98	偏态
TFe_2O_3	%	4.47	1.363 1	30.46	4.22	1.389 0	1.74～7.20	正态
Th	μg/g	13.26	3.387 2	25.54	12.85	1.286 5	7.76～21.26	对数正态
Ti	μg/g	4 695.61	1 063.740 8	22.65	4 567.71	1.272 4	2 568.13～6 823.09	正态
Tl	μg/g	0.67	0.272 5	40.76	0.62	1.460 8	0.29～1.32	偏态
U	μg/g	3.37	1.092 4	32.38	3.20	1.382 3	1.68～6.12	对数正态
V	μg/g	81.15	24.061 6	29.65	77.55	1.358 3	42.03～143.08	对数正态
W	μg/g	3.92	1.677 4	42.76	3.60	1.508 1	1.58～8.19	对数正态

续表 5-25

元素/指标	单位	算数平均值	算数标准差	变异系数	几何平均值	几何标准差	背景值	浓度概率分布类型
Y	μg/g	26.55	5.852 9	22.05	25.84	1.269 6	14.84～38.26	正态
Zn	μg/g	70.03	24.208 8	34.57	65.99	1.416 1	32.91～132.33	对数正态
Zr	μg/g	300.47	65.363 7	21.75	293.50	1.242 6	190.08～453.18	对数正态

注:"变异系数"单位为%。

表 5-26 武江区土壤环境背景值参数统计表($n=154$)

元素/指标	单位	算数平均值	算数标准差	变异系数	几何平均值	几何标准差	背景值	浓度概率分布类型
Ag	μg/g	0.09	0.041 1	45.28	0.08	1.591 7	0.03～0.21	偏态
Al_2O_3	%	16.30	4.282 9	26.27	15.74	1.304 0	9.26～26.77	对数正态
As	μg/g	17.54	14.834 8	84.55	11.93	2.499 5	1.91～74.56	对数正态
Au	ng/g	1.58	1.185 8	74.89	1.20	2.156 4	0.26～5.56	对数正态
B	μg/g	91.53	74.145 5	81.01	61.34	2.665 0	8.64～435.62	偏态
Ba	μg/g	229.79	78.818 8	34.30	214.75	1.485 4	97.33～473.83	偏态
Be	μg/g	3.81	2.606 8	68.33	2.99	2.045 1	0.71～12.49	对数正态
Bi	μg/g	1.67	1.267 7	75.77	1.27	2.116 9	0.28～5.67	对数正态
Br	μg/g	4.00	2.498 8	62.47	3.30	1.877 5	0.93～11.62	对数正态
CaO	%	0.19	0.118 5	61.97	0.15	1.991 2	0.04～0.61	偏态
Cd	μg/g	0.25	0.142 2	57.58	0.21	1.812 2	0.06～0.68	对数正态
Ce	μg/g	89.15	29.860 3	33.49	84.72	1.368 6	45.23～158.70	偏态
Cl	μg/g	46.15	13.274 1	28.76	44.37	1.320 5	25.45～77.37	对数正态
Co	μg/g	7.20	5.474 3	76.05	5.37	2.190 8	1.12～25.79	对数正态
Corg	%	1.34	0.547 3	40.93	1.22	1.567 0	0.50～3.00	偏态
Cr	μg/g	53.98	34.305 0	63.56	39.69	2.399 2	6.71～122.59	正态
Cu	μg/g	15.70	9.524 5	60.68	12.36	2.112 9	2.77～55.17	偏态
F	μg/g	573.72	177.684 4	30.97	548.06	1.350 9	300.32～1 000.18	对数正态
Ga	μg/g	20.18	6.168 8	30.57	19.24	1.366 8	10.30～35.94	对数正态
Ge	μg/g	1.51	0.236 3	15.62	1.49	1.169 9	1.04～1.98	正态
Hg	μg/g	0.12	0.062 6	50.11	0.11	1.610 3	0.04～0.29	对数正态
I	μg/g	4.24	3.509 9	82.76	2.83	2.601 1	0.42～19.15	对数正态
K_2O	%	2.62	1.377 5	52.60	2.25	1.770 2	0.72～7.05	对数正态
La	μg/g	40.99	12.409 3	30.27	39.21	1.349 1	21.54～71.36	对数正态
Li	μg/g	56.47	24.410 0	43.23	51.75	1.515 3	22.54～118.82	对数正态
MgO	%	0.41	0.213 4	51.87	0.36	1.621 1	0.14～0.96	对数正态

续表 5－26

元素/指标	单位	算数平均值	算数标准差	变异系数	几何平均值	几何标准差	背景值	浓度概率分布类型
Mn	μg/g	308.76	174.142 7	56.40	260.23	1.845 6	76.40～886.41	偏态
Mo	μg/g	1.02	0.430 8	42.44	0.93	1.514 8	0.41～2.14	对数正态
N	μg/g	1 196.97	420.471 7	35.13	1 112.03	1.512 9	356.03～2 037.91	正态
Na_2O	%	0.24	0.145 2	59.54	0.20	1.833 6	0.06～0.69	对数正态
Nb	μg/g	24.58	8.090 4	32.92	23.39	1.362 8	12.59～43.43	偏态
Ni	μg/g	17.25	11.414 9	66.19	13.30	2.141 0	2.90～60.99	对数正态
P	μg/g	465.44	216.889 9	46.60	415.65	1.633 9	155.70～1 109.63	偏态
Pb	μg/g	56.08	21.386 5	38.14	51.83	1.503 4	13.31～98.85	正态
pH		5.94	1.275 2	21.48	5.81	1.230 0	3.84～8.79	偏态
Rb	μg/g	223.68	157.043 7	70.21	167.66	2.220 2	34.01～826.44	对数正态
S	μg/g	222.43	69.380 4	31.19	211.55	1.382 3	110.71～404.22	偏态
Sb	μg/g	2.64	2.493 1	94.59	1.62	2.790 7	0.21～12.63	对数正态
Sc	μg/g	9.41	3.510 1	37.29	8.76	1.468 8	4.06～18.90	对数正态
Se	μg/g	0.44	0.162 8	37.37	0.41	1.464 4	0.19～0.87	对数正态
SiO_2	%	66.64	6.970 3	10.46	66.26	1.113 9	52.70～80.58	正态
Sn	μg/g	12.73	9.120 7	71.65	9.70	2.130 1	2.14～44.00	对数正态
Sr	μg/g	48.13	31.883 2	66.24	39.19	1.928 1	10.54～145.69	对数正态
TC	%	1.59	0.727 0	45.58	1.44	1.594 9	0.57～3.66	偏态
TFe_2O_3	%	3.88	1.689 2	43.55	3.50	1.592 2	1.38～8.88	对数正态
Th	μg/g	28.58	19.511 4	68.27	23.15	1.881 8	6.54～81.99	偏态
Ti	μg/g	3 940.73	1 464.261 2	37.16	3 613.22	1.560 4	1 012.21～6 869.25	正态
Tl	μg/g	1.53	0.950 1	62.04	1.23	1.994 4	0.31～4.89	对数正态
U	μg/g	7.73	5.621 4	72.73	6.00	2.018 8	1.47～24.46	偏态
V	μg/g	65.19	36.366 9	55.79	53.15	2.000 8	9.20～137.92	正态
W	μg/g	8.08	5.029 3	62.26	6.61	1.909 9	1.81～24.13	对数正态
Y	μg/g	38.94	16.782 8	43.09	35.80	1.496 1	16.00～80.14	偏态
Zn	μg/g	65.70	20.083 1	30.57	62.70	1.362 1	33.80～116.34	对数正态
Zr	μg/g	284.69	75.868 9	26.65	273.62	1.339 1	132.95～436.43	正态

注："变异系数"单位为％。

表 5－27 曲江区土壤环境背景值参数统计表（$n=369$）

元素/指标	单位	算数平均值	算数标准差	变异系数	几何平均值	几何标准差	背景值	浓度概率分布类型
Ag	μg/g	0.11	0.052 8	47.15	0.10	1.612 6	0.04～0.26	对数正态
Al_2O_3	%	15.38	4.713 3	30.65	14.64	1.379 1	7.70～27.84	偏态

续表 5-27

元素/指标	单位	算数平均值	算数标准差	变异系数	几何平均值	几何标准差	背景值	浓度概率分布类型
As	μg/g	11.55	8.201 2	70.98	8.75	2.226 9	1.76~43.38	偏态
Au	ng/g	1.85	0.949 3	51.26	1.61	1.730 6	0.54~4.83	偏态
B	μg/g	79.18	58.255 5	73.57	55.64	2.543 1	8.60~359.87	偏态
Ba	μg/g	262.67	108.075 7	41.14	238.05	1.605 9	92.31~613.91	偏态
Be	μg/g	3.22	2.502 9	77.69	2.43	2.109 8	0.55~10.83	偏态
Bi	μg/g	1.86	1.291 3	69.56	1.47	2.011 3	0.36~5.93	对数正态
Br	μg/g	3.61	2.638 7	73.09	2.86	1.944 4	0.76~10.82	偏态
CaO	%	0.18	0.108 9	61.49	0.14	1.981 4	0.04~0.57	偏态
Cd	μg/g	0.32	0.254 2	78.63	0.25	2.054 3	0.06~1.05	对数正态
Ce	μg/g	86.11	30.759 2	35.72	81.20	1.403 6	41.22~159.98	对数正态
Cl	μg/g	47.79	11.073 5	23.17	46.57	1.254 0	29.61~73.23	对数正态
Co	μg/g	5.84	3.881 0	66.41	4.67	1.997 0	1.17~18.63	对数正态
Corg	%	1.45	0.537 0	37.05	1.35	1.491 4	0.61~3.00	偏态
Cr	μg/g	47.17	26.346 7	55.86	37.79	2.102 6	4.58~99.86	正态
Cu	μg/g	17.53	8.636 5	49.26	15.24	1.756 5	4.94~47.01	偏态
F	μg/g	514.72	131.385 4	25.53	498.31	1.291 2	298.89~830.77	对数正态
Ga	μg/g	18.63	6.530 5	35.05	17.41	1.463 2	8.13~37.28	偏态
Ge	μg/g	1.45	0.220 0	15.17	1.43	1.162 9	1.06~1.94	对数正态
Hg	μg/g	0.14	0.066 7	47.28	0.13	1.604 7	0.05~0.33	对数正态
I	μg/g	2.54	2.137 8	84.27	1.83	2.227 8	0.37~9.06	偏态
K_2O	%	2.49	1.276 4	51.18	2.16	1.753 2	0.70~6.63	偏态
La	μg/g	37.60	11.576 0	30.79	35.89	1.359 9	19.41~66.37	对数正态
Li	μg/g	40.13	15.252 6	38.01	36.82	1.562 5	15.08~89.89	偏态
MgO	%	0.40	0.159 8	39.93	0.37	1.514 4	0.16~0.85	偏态
Mn	μg/g	272.09	185.187 5	68.06	216.28	2.011 4	53.46~875.00	对数正态
Mo	μg/g	1.01	0.482 1	47.79	0.90	1.601 8	0.35~2.32	对数正态
N	μg/g	1 259.23	405.694 2	32.22	1 191.49	1.407 9	601.10~2 361.75	偏态
Na_2O	%	0.18	0.096 6	53.37	0.16	1.717 3	0.05~0.46	对数正态
Nb	μg/g	22.72	7.466 3	32.87	21.63	1.358 9	11.72~39.95	偏态
Ni	μg/g	14.43	8.082 0	56.00	12.11	1.856 2	3.51~41.71	偏态
P	μg/g	508.04	181.400 3	35.71	474.35	1.468 3	220.02~1 022.66	偏态
Pb	μg/g	59.99	30.463 9	50.78	52.00	1.744 5	17.09~158.25	偏态
pH		5.26	0.712 1	13.53	5.22	1.139 8	4.02~6.78	偏态

续表 5-27

元素/指标	单位	算数平均值	算数标准差	变异系数	几何平均值	几何标准差	背景值	浓度概率分布类型
Rb	μg/g	178.91	128.748 1	71.96	136.56	2.136 8	29.91~623.53	对数正态
S	μg/g	241.13	73.808 3	30.61	230.30	1.356 1	125.23~423.53	对数正态
Sb	μg/g	1.58	0.973 9	61.79	1.30	1.884 4	0.37~4.63	对数正态
Sc	μg/g	8.99	3.190 3	35.49	8.45	1.423 7	4.17~17.13	对数正态
Se	μg/g	0.43	0.181 8	42.76	0.39	1.518 9	0.17~0.90	对数正态
SiO_2	%	68.65	6.303 9	9.18	68.36	1.098 0	56.04~81.26	正态
Sn	μg/g	9.44	7.060 8	74.84	7.33	2.003 9	1.83~29.44	偏态
Sr	μg/g	35.26	14.855 3	42.14	31.98	1.588 9	12.67~80.73	偏态
TC	%	1.54	0.561 3	36.51	1.43	1.473 7	0.66~3.11	偏态
TFe_2O_3	%	3.71	1.601 8	43.15	3.36	1.587 3	1.33~8.46	偏态
Th	μg/g	24.39	16.551 6	67.87	20.03	1.831 1	5.97~67.20	偏态
Ti	μg/g	4 211.89	1 438.661 5	34.16	3 922.97	1.498 2	1 334.57~7 089.21	正态
Tl	μg/g	1.20	0.759 1	63.14	0.99	1.886 9	0.28~3.51	对数正态
U	μg/g	6.29	4.613 1	73.32	4.94	1.978 9	1.26~19.33	偏态
V	μg/g	66.58	30.991 4	46.55	58.65	1.709 4	20.07~171.37	偏态
W	μg/g	6.28	3.634 4	57.85	5.38	1.737 4	1.78~16.25	对数正态
Y	μg/g	30.33	8.637 5	28.48	29.17	1.321 5	16.70~50.94	对数正态
Zn	μg/g	75.27	33.831 7	44.95	67.95	1.591 6	26.82~172.13	偏态
Zr	μg/g	306.94	74.761 2	24.36	297.27	1.297 0	157.42~456.46	正态

注："变异系数"单位为%。

表 5-28 乐昌市土壤环境背景值参数统计表（n=537）

元素/指标	单位	算数平均值	算数标准差	变异系数	几何平均值	几何标准差	背景值	浓度概率分布类型
Ag	μg/g	0.10	0.039 3	40.53	0.09	1.495 3	0.04~0.20	对数正态
Al_2O_3	%	14.64	3.943 2	26.93	14.11	1.319 3	8.10~24.55	偏态
As	μg/g	14.15	10.825 2	76.51	10.52	2.207 6	2.16~51.29	对数正态
Au	ng/g	1.67	0.945 4	56.50	1.41	1.843 0	0.42~4.79	偏态
B	μg/g	71.02	43.839 7	61.72	57.52	1.986 0	14.58~226.88	偏态
Ba	μg/g	321.80	112.643 8	35.00	299.15	1.501 3	96.51~547.09	正态
Be	μg/g	3.02	1.930 7	63.94	2.54	1.776 6	0.80~8.01	偏态
Bi	μg/g	0.99	0.676 6	68.21	0.83	1.777 4	0.26~2.61	偏态
Br	μg/g	3.29	1.852 0	56.35	2.81	1.783 2	0.88~8.93	偏态
CaO	%	0.20	0.113 9	56.13	0.17	1.846 9	0.05~0.58	偏态
Cd	μg/g	0.32	0.178 2	55.29	0.28	1.796 3	0.09~0.89	偏态

续表 5-28

元素/指标	单位	算数平均值	算数标准差	变异系数	几何平均值	几何标准差	背景值	浓度概率分布类型
Ce	μg/g	76.71	19.929 9	25.98	73.83	1.335 1	36.85~116.57	正态
Cl	μg/g	47.47	15.912 1	33.52	44.60	1.443 8	21.40~92.97	偏态
Co	μg/g	8.93	5.019 1	56.19	7.44	1.908 2	2.04~27.07	偏态
Corg	%	1.51	0.690 0	45.66	1.35	1.659 4	0.49~3.71	偏态
Cr	μg/g	54.16	27.170 4	50.17	45.63	1.905 5	5.50~108.50	正态
Cu	μg/g	21.77	8.951 0	41.12	19.69	1.614 2	7.56~51.32	偏态
F	μg/g	642.66	241.132 3	37.52	602.28	1.428 6	295.11~1 229.20	偏态
Ga	μg/g	16.62	4.842 4	29.14	15.86	1.370 5	6.94~26.30	正态
Ge	μg/g	1.33	0.174 1	13.12	1.32	1.138 5	1.02~1.71	对数正态
Hg	μg/g	0.12	0.050 0	41.88	0.11	1.582 5	0.04~0.27	偏态
I	μg/g	1.71	1.093 8	63.81	1.43	1.813 9	0.43~4.70	偏态
K_2O	%	2.63	1.025 8	39.07	2.42	1.512 8	1.06~5.54	偏态
La	μg/g	34.81	9.053 7	26.01	33.57	1.319 1	19.29~58.41	偏态
Li	μg/g	57.29	29.059 6	50.72	50.29	1.690 4	17.60~143.71	偏态
MgO	%	0.68	0.275 0	40.24	0.62	1.560 6	0.26~1.52	偏态
Mn	μg/g	363.18	217.139 8	59.79	299.76	1.924 6	80.93~1 110.35	偏态
Mo	μg/g	0.88	0.425 5	48.60	0.78	1.658 7	0.28~2.13	偏态
N	μg/g	1 408.53	580.244 7	41.20	1 288.44	1.547 3	538.16~3 084.70	偏态
Na_2O	%	0.23	0.148 3	65.73	0.19	1.839 8	0.05~0.63	偏态
Nb	μg/g	19.19	6.683 7	34.84	18.11	1.403 1	9.20~35.66	对数正态
Ni	μg/g	19.99	10.751 8	53.78	16.84	1.863 8	4.85~58.51	偏态
P	μg/g	609.36	243.162 7	39.90	559.45	1.536 7	236.91~1 321.12	偏态
Pb	μg/g	46.43	19.290 4	41.54	42.56	1.525 8	18.28~99.09	对数正态
pH		6.13	1.271 7	20.74	6.01	1.224 3	4.01~9.00	偏态
Rb	μg/g	172.99	107.002 1	61.85	147.20	1.734 6	48.92~442.91	偏态
S	μg/g	262.14	99.286 4	37.88	244.47	1.456 8	115.20~518.84	对数正态
Sb	μg/g	1.96	1.297 0	66.05	1.56	2.008 6	0.39~6.31	对数正态
Sc	μg/g	9.29	3.069 6	33.05	8.72	1.455 6	3.15~15.43	正态
Se	μg/g	0.36	0.136 3	37.62	0.34	1.458 9	0.16~0.72	对数正态
SiO_2	%	67.86	7.602 9	11.20	67.42	1.122 1	53.55~84.90	偏态
Sn	μg/g	5.82	3.372 9	57.91	5.09	1.640 9	1.89~13.71	偏态
Sr	μg/g	37.55	20.200 5	53.79	32.51	1.723 5	10.94~96.56	对数正态
TC	%	1.62	0.780 2	48.06	1.45	1.642 4	0.54~3.90	偏态

续表 5-28

元素/指标	单位	算数平均值	算数标准差	变异系数	几何平均值	几何标准差	背景值	浓度概率分布类型
TFe_2O_3	%	4.01	1.602 1	39.99	3.66	1.564 5	1.49~8.95	偏态
Th	μg/g	19.01	9.944 5	52.32	16.86	1.615 7	6.46~44.00	偏态
Ti	μg/g	4 092.96	1 241.623 9	30.34	3 860.15	1.446 3	1 845.39~8 074.60	偏态
Tl	μg/g	1.19	0.665 8	56.08	1.03	1.677 0	0.37~2.90	偏态
U	μg/g	5.81	5.094 0	87.63	4.28	2.106 3	0.96~18.98	偏态
V	μg/g	71.94	28.235 0	39.25	65.08	1.630 3	15.47~128.41	正态
W	μg/g	6.32	5.116 4	80.90	4.77	2.083 2	1.10~20.68	偏态
Y	μg/g	27.30	6.933 0	25.40	26.39	1.301 8	15.57~44.73	偏态
Zn	μg/g	75.35	24.835 1	32.96	71.05	1.426 9	34.90~144.67	偏态
Zr	μg/g	255.57	49.523 9	19.38	250.49	1.227 8	156.52~354.62	正态

注："变异系数"单位为%。

表 5-29 南雄市土壤环境背景值参数统计表（$n=448$）

元素/指标	单位	算数平均值	算数标准差	变异系数	几何平均值	几何标准差	背景值	浓度概率分布类型
Ag	μg/g	0.08	0.027 1	33.84	0.08	1.399 8	0.04~0.15	对数正态
Al_2O_3	%	16.33	4.775 1	29.25	15.57	1.375 8	6.78~25.88	正态
As	μg/g	4.59	2.400 0	52.25	4.00	1.713 7	1.36~11.75	对数正态
Au	ng/g	1.23	0.623 2	50.46	1.08	1.703 3	0.37~3.14	偏态
B	μg/g	56.99	39.607 7	69.50	41.46	2.399 1	7.20~238.66	偏态
Ba	μg/g	399.08	175.254 6	43.91	360.58	1.601 7	140.55~925.05	偏态
Be	μg/g	4.73	2.774 8	58.67	3.96	1.845 0	1.16~13.48	对数正态
Bi	μg/g	1.06	0.676 7	64.14	0.86	1.888 8	0.24~3.09	对数正态
Br	μg/g	1.79	0.702 7	39.20	1.65	1.518 1	0.72~3.81	偏态
CaO	%	0.14	0.064 8	46.07	0.12	1.675 1	0.04~0.35	偏态
Cd	μg/g	0.13	0.056 7	44.41	0.11	1.673 4	0.04~0.32	偏态
Ce	μg/g	123.46	52.092 9	42.19	113.36	1.510 7	49.67~258.71	对数正态
Cl	μg/g	49.03	12.609 3	25.72	47.47	1.289 1	28.57~78.89	对数正态
Co	μg/g	7.24	3.980 6	54.95	6.25	1.731 1	2.09~18.73	对数正态
Corg	%	1.05	0.483 9	46.20	0.92	1.728 8	0.31~2.75	偏态
Cr	μg/g	39.79	21.544 4	54.14	33.66	1.834 0	10.01~113.23	偏态
Cu	μg/g	19.15	7.945 4	41.49	17.37	1.588 8	6.88~43.86	偏态
F	μg/g	575.53	169.562 3	29.46	551.27	1.342 8	305.73~993.99	对数正态
Ga	μg/g	20.81	7.003 0	33.64	19.56	1.439 7	6.80~34.82	正态
Ge	μg/g	1.33	0.159 7	11.97	1.32	1.126 3	1.04~1.68	对数正态

续表 5-29

元素/指标	单位	算数平均值	算数标准差	变异系数	几何平均值	几何标准差	背景值	浓度概率分布类型
Hg	μg/g	0.09	0.043 9	49.35	0.08	1.672 2	0.03~0.22	偏态
I	μg/g	0.93	0.383 6	41.19	0.86	1.475 9	0.40~1.88	偏态
K_2O	%	3.31	1.399 7	42.29	2.99	1.596 0	1.18~7.63	偏态
La	μg/g	62.80	29.461 2	46.91	56.88	1.551 0	23.65~136.83	偏态
Li	μg/g	60.99	26.211 3	42.98	55.44	1.565 1	22.63~135.81	偏态
MgO	%	0.51	0.200 9	39.43	0.47	1.477 9	0.22~1.03	对数正态
Mn	μg/g	271.66	144.349 0	53.14	236.11	1.715 7	80.21~695.02	对数正态
Mo	μg/g	0.69	0.267 2	38.77	0.64	1.457 3	0.30~1.36	对数正态
N	μg/g	998.58	411.250 8	41.18	906.83	1.585 5	360.74~2 279.60	偏态
Na_2O	%	0.29	0.160 8	54.81	0.25	1.763 0	0.08~0.78	对数正态
Nb	μg/g	25.20	7.355 7	29.19	24.18	1.332 6	13.61~42.93	对数正态
Ni	μg/g	15.25	8.971 3	58.85	12.79	1.833 2	3.81~42.98	对数正态
P	μg/g	576.63	233.163 3	40.44	527.22	1.555 2	217.98~1 275.17	偏态
Pb	μg/g	55.62	26.502 3	47.65	49.42	1.642 4	18.32~133.31	对数正态
pH		5.37	0.544 7	10.14	5.35	1.102 9	4.39~6.50	偏态
Rb	μg/g	235.74	125.895 8	53.41	201.35	1.791 0	62.77~645.88	偏态
S	μg/g	197.62	76.881 2	38.90	182.65	1.500 1	81.17~411.02	偏态
Sb	μg/g	0.49	0.202 1	41.06	0.46	1.459 7	0.21~0.97	偏态
Sc	μg/g	8.93	2.450 3	27.45	8.59	1.319 8	4.93~14.97	对数正态
Se	μg/g	0.25	0.084 3	34.13	0.23	1.409 4	0.12~0.46	对数正态
SiO_2	%	69.47	7.934 3	11.42	69.01	1.122 5	53.60~85.34	正态
Sn	μg/g	12.21	8.126 6	66.56	9.78	1.963 8	2.54~37.73	对数正态
Sr	μg/g	48.61	22.381 7	46.04	43.54	1.623 4	16.52~114.75	偏态
TC	%	1.16	0.471 5	40.75	1.06	1.547 4	0.44~2.53	偏态
TFe_2O_3	%	3.55	1.377 4	38.85	3.28	1.494 1	1.47~7.32	偏态
Th	μg/g	30.27	16.030 8	52.96	26.38	1.690 5	9.23~75.39	对数正态
Ti	μg/g	4 238.48	1 143.782 7	26.99	4 057.95	1.369 4	1 950.91~6 526.05	正态
Tl	μg/g	1.49	0.810 6	54.27	1.27	1.811 2	0.39~4.16	偏态
U	μg/g	7.59	4.425 0	58.27	6.35	1.838 2	1.88~21.47	对数正态
V	μg/g	60.94	24.341 4	39.94	55.80	1.552 0	23.17~134.41	偏态
W	μg/g	4.57	1.954 9	42.82	4.18	1.532 3	1.78~9.80	对数正态
Y	μg/g	31.89	8.579 2	26.90	30.76	1.311 7	17.88~52.92	偏态
Zn	μg/g	72.47	20.832 1	28.75	69.42	1.347 6	38.23~126.08	偏态
Zr	μg/g	320.40	93.275 6	29.11	305.91	1.371 4	162.65~575.34	偏态

注:"变异系数"单位为%。

表 5-30 仁化县土壤环境背景值参数统计表（$n=533$）

元素/指标	单位	算数平均值	算数标准差	变异系数	几何平均值	几何标准差	背景值	浓度概率分布类型
Ag	μg/g	0.08	0.028 0	33.57	0.08	1.405 5	0.04～0.16	偏态
Al_2O_3	%	15.95	4.822 3	30.23	15.17	1.387 1	6.31～25.59	正态
As	μg/g	6.68	4.885 7	73.17	5.11	2.115 1	1.14～22.86	对数正态
Au	ng/g	1.22	0.763 3	62.72	1.00	1.882 8	0.28～3.56	对数正态
B	μg/g	47.60	26.415 5	55.49	39.91	1.871 4	11.40～139.78	偏态
Ba	μg/g	312.25	134.000 6	42.91	281.21	1.624 2	106.60～741.84	偏态
Be	μg/g	4.50	3.444 8	76.57	3.36	2.168 9	0.72～15.83	偏态
Bi	μg/g	1.47	1.153 2	78.19	1.08	2.257 3	0.21～5.48	偏态
Br	μg/g	3.00	1.937 3	64.54	2.45	1.895 6	0.68～8.82	对数正态
CaO	%	0.15	0.082 8	55.32	0.13	1.827 5	0.04～0.42	偏态
Cd	μg/g	0.19	0.096 4	49.49	0.17	1.656 1	0.06～0.47	偏态
Ce	μg/g	95.39	30.273 7	31.74	90.51	1.394 5	46.54～176	偏态
Cl	μg/g	46.82	13.587 4	29.02	44.86	1.347 9	24.69～81.51	偏态
Co	μg/g	5.57	4.011 4	72.06	4.36	2.013 3	1.08～17.69	对数正态
Corg	%	1.30	0.568 9	43.64	1.17	1.619 2	0.45～3.08	偏态
Cr	μg/g	40.36	28.827 4	71.42	29.39	2.348 1	5.33～162.02	偏态
Cu	μg/g	15.74	7.868 7	49.99	13.74	1.725 7	4.61～40.91	偏态
F	μg/g	483.54	141.909 0	29.35	463.71	1.335 6	259.95～827.18	对数正态
Ga	μg/g	19.46	6.843 1	35.16	18.16	1.472 2	8.38～39.37	偏态
Ge	μg/g	1.32	0.197 6	15.01	1.30	1.159 4	0.97～1.75	对数正态
Hg	μg/g	0.09	0.036 0	41.31	0.08	1.504 3	0.04～0.18	对数正态
I	μg/g	1.76	1.322 4	75.34	1.36	2.035 3	0.33～5.62	偏态
K_2O	%	3.25	1.519 1	46.67	2.87	1.694 3	1.00～8.24	偏态
La	μg/g	42.16	13.413 1	31.82	39.99	1.395 2	20.54～77.84	偏态
Li	μg/g	57.53	31.233 6	54.29	49.76	1.720 4	16.81～147.28	对数正态
MgO	%	0.47	0.223 4	47.95	0.41	1.660 4	0.15～1.14	偏态
Mn	μg/g	279.39	151.352 6	54.17	239.90	1.773 7	76.26～754.73	偏态
Mo	μg/g	0.79	0.383 1	48.77	0.70	1.629 2	0.26～1.86	对数正态
N	μg/g	1 118.76	425.081 1	38.00	1 035.25	1.504 1	457.60～2 342.06	偏态
Na_2O	%	0.28	0.236 3	83.11	0.20	2.270 7	0.04～1.05	偏态
Nb	μg/g	24.29	9.700 5	39.93	22.49	1.480 2	10.26～49.27	对数正态
Ni	μg/g	12.98	8.910 1	68.65	10.14	2.056 4	2.40～42.88	对数正态
P	μg/g	469.24	175.468 8	37.39	434.22	1.509 1	190.67～988.89	偏态

续表 5-30

元素/指标	单位	算数平均值	算数标准差	变异系数	几何平均值	几何标准差	背景值	浓度概率分布类型
Pb	μg/g	57.40	24.892 5	43.37	51.70	1.606 7	20.03～133.47	偏态
pH		5.18	0.439 9	8.49	5.16	1.087 8	4.36～6.11	对数正态
Rb	μg/g	246.51	168.134 3	68.21	191.38	2.084 3	44.05～831.43	对数正态
S	μg/g	219.56	74.799 1	34.07	206.97	1.416 4	103.17～415.23	对数正态
Sb	μg/g	0.90	0.723 9	80.20	0.68	2.101 8	0.15～2.99	偏态
Sc	μg/g	8.34	2.851 8	34.20	7.87	1.409 5	3.96～15.64	对数正态
Se	μg/g	0.34	0.142 2	41.96	0.31	1.497 3	0.14～0.70	对数正态
SiO_2	%	70.13	6.906 3	9.85	69.79	1.104 6	56.32～83.94	正态
Sn	μg/g	13.28	11.320 0	85.21	8.98	2.469 3	1.47～54.76	偏态
Sr	μg/g	29.99	12.559 4	41.88	27.45	1.532 1	11.69～64.42	对数正态
TC	%	1.33	0.567 6	42.57	1.21	1.581 1	0.48～3.02	偏态
TFe_2O_3	%	3.23	1.584 9	49.06	2.86	1.653 6	1.05～7.82	对数正态
Th	μg/g	26.13	15.338 7	58.70	22.00	1.808 3	6.73～71.94	对数正态
Ti	μg/g	3 440.86	1 355.366 3	39.39	3 138.89	1.574 3	730.13～6 151.59	正态
Tl	μg/g	1.51	0.952 4	63.14	1.22	1.944 4	0.32～4.62	对数正态
U	μg/g	7.87	5.669 9	72.06	5.94	2.164 9	1.27～27.82	对数正态
V	μg/g	55.85	31.748 8	56.85	46.07	1.931 5	12.35～171.86	偏态
W	μg/g	5.42	2.961 0	54.63	4.67	1.733 7	1.56～14.05	对数正态
Y	μg/g	29.78	9.872 9	33.15	28.20	1.397 1	14.45～55.05	偏态
Zn	μg/g	65.01	19.833 7	30.51	61.94	1.375 9	32.72～117.26	偏态
Zr	μg/g	263.83	70.658 4	26.78	253.64	1.337 1	122.51～405.15	正态

注:"变异系数"单位为％。

表 5-31 始兴县土壤环境背景值参数统计表（$n=495$）

元素/指标	单位	算数平均值	算数标准差	变异系数	几何平均值	几何标准差	背景值	浓度概率分布类型
Ag	μg/g	0.09	0.037 4	39.86	0.09	1.488 0	0.04～0.19	对数正态
Al_2O_3	%	15.82	4.815 3	30.45	15.07	1.370 8	8.02～28.33	偏态
As	μg/g	6.99	5.310 5	76.01	5.23	2.194 6	1.09～25.20	对数正态
Au	ng/g	1.34	0.757 7	56.71	1.13	1.826 3	0.34～3.77	偏态
B	μg/g	59.96	41.137 3	68.61	45.07	2.268 8	8.76～232.01	偏态
Ba	μg/g	334.88	113.125 6	33.78	315.55	1.425 1	155.37～640.84	偏态
Be	μg/g	4.48	2.842 3	63.48	3.64	1.934 2	0.97～13.62	对数正态
Bi	μg/g	1.42	0.973 8	68.62	1.11	2.070 6	0.26～4.75	对数正态
Br	μg/g	3.73	3.051 2	81.81	2.77	2.140 6	0.60～12.70	偏态

续表 5-31

元素/指标	单位	算数平均值	算数标准差	变异系数	几何平均值	几何标准差	背景值	浓度概率分布类型
CaO	%	0.15	0.081 6	54.07	0.13	1.859 1	0.04~0.44	偏态
Cd	μg/g	0.14	0.065 2	45.26	0.13	1.600 0	0.05~0.33	偏态
Ce	μg/g	97.97	35.442 0	36.17	91.74	1.443 8	44.01~191.25	偏态
Cl	μg/g	47.61	11.231 8	23.59	46.32	1.265 8	28.91~74.22	对数正态
Co	μg/g	5.72	2.822 7	49.30	5.07	1.650 8	1.86~13.82	对数正态
Corg	%	1.30	0.563 3	43.26	1.17	1.654 4	0.43~3.19	偏态
Cr	μg/g	38.02	23.087 4	60.73	30.82	1.984 6	7.83~121.41	偏态
Cu	μg/g	16.07	7.325 7	45.59	14.39	1.622 8	5.47~37.91	偏态
F	μg/g	511.24	129.120 7	25.26	495.32	1.287 9	298.62~821.57	对数正态
Ga	μg/g	19.51	6.686 6	34.27	18.32	1.441 4	8.82~38.06	偏态
Ge	μg/g	1.36	0.209 1	15.37	1.35	1.161 1	1.00~1.81	偏态
Hg	μg/g	0.09	0.045 9	48.51	0.08	1.637 1	0.03~0.23	偏态
I	μg/g	1.54	1.089 0	70.61	1.24	1.914 1	0.34~4.54	偏态
K_2O	%	3.16	1.411 6	44.68	2.84	1.605 2	1.10~7.32	偏态
La	μg/g	45.25	16.822 7	37.18	42.23	1.455 8	19.93~89.50	对数正态
Li	μg/g	51.02	17.844 6	34.97	47.78	1.454 5	22.59~101.09	偏态
MgO	%	0.50	0.181 1	36.33	0.47	1.451 9	0.22~0.98	偏态
Mn	μg/g	295.96	158.743 4	53.64	256.13	1.731 0	85.48~767.46	对数正态
Mo	μg/g	0.83	0.400 0	48.08	0.74	1.646 7	0.27~2.00	偏态
N	μg/g	1 154.08	446.436 5	38.68	1 059.69	1.547 8	442.33~2 538.67	偏态
Na_2O	%	0.23	0.144 5	62.94	0.19	1.922 9	0.05~0.69	对数正态
Nb	μg/g	23.30	8.334 3	35.77	21.93	1.413 2	10.98~43.79	偏态
Ni	μg/g	12.78	7.028 8	55.01	10.89	1.792 2	3.39~34.99	偏态
P	μg/g	507.97	195.688 0	38.52	470.46	1.492 7	211.14~1 048.26	偏态
Pb	μg/g	55.52	26.391 9	47.54	48.98	1.687 2	17.21~139.42	偏态
pH		5.16	0.467 8	9.06	5.14	1.093 1	4.31~6.15	偏态
Rb	μg/g	234.10	140.271 8	59.92	195.07	1.852 9	56.82~669.70	对数正态
S	μg/g	214.76	75.171 3	35.00	201.56	1.437 8	97.50~416.68	偏态
Sb	μg/g	0.57	0.273 6	48.07	0.51	1.570 1	0.21~1.26	偏态
Sc	μg/g	8.34	2.633 4	31.56	7.93	1.384 2	4.14~15.19	偏态
Se	μg/g	0.31	0.153 3	49.54	0.28	1.596 2	0.11~0.71	偏态
SiO_2	%	69.13	7.622 7	11.03	68.70	1.118 5	53.88~84.38	正态
Sn	μg/g	11.29	7.423 0	65.76	8.98	2.009 0	2.23~36.25	对数正态

续表 5-31

元素/指标	单位	算数平均值	算数标准差	变异系数	几何平均值	几何标准差	背景值	浓度概率分布类型
Sr	μg/g	36.84	17.547 5	47.63	32.88	1.626 2	12.43～86.95	偏态
TC	%	1.38	0.556 6	40.32	1.26	1.550 0	0.53～3.04	偏态
TFe$_2$O$_3$	%	3.36	1.536 3	45.77	3.03	1.578 8	1.22～7.55	对数正态
Th	μg/g	26.38	15.325 3	58.10	22.46	1.758 7	7.26～69.46	
Ti	μg/g	3 837.87	1 256.209 0	32.73	3 611.21	1.440 9	1 325.45～6 350.29	正态
Tl	μg/g	1.49	0.810 6	54.22	1.29	1.755 7	0.42～3.96	偏态
U	μg/g	7.76	5.511 4	71.00	6.00	2.069 0	1.40～25.67	对数正态
V	μg/g	56.89	25.155 1	44.22	51.28	1.602 3	19.98～131.66	偏态
W	μg/g	6.75	3.763 5	55.78	5.81	1.740 9	1.92～17.60	对数正态
Y	μg/g	29.87	9.224 5	30.89	28.50	1.359 6	15.42～52.69	对数正态
Zn	μg/g	66.78	22.231 0	33.29	62.82	1.438 0	30.38～129.91	偏态
Zr	μg/g	290.28	75.778 5	26.11	279.77	1.322 9	138.72～441.84	正态

注："变异系数"单位为％。

表 5-32 翁源县土壤环境背景值参数统计表（$n=387$）

元素/指标	单位	算数平均值	算数标准差	变异系数	几何平均值	几何标准差	背景值	浓度概率分布类型
Ag	μg/g	0.07	0.030 3	40.93	0.07	1.494 6	0.03～0.15	对数正态
Al$_2$O$_3$	%	15.09	4.600 3	30.49	14.39	1.365 7	7.72～26.84	偏态
As	μg/g	12.65	9.472 2	74.90	9.25	2.325 9	1.71～50.05	偏态
Au	ng/g	1.50	0.757 6	50.52	1.30	1.759 3	0.42～4.02	偏态
B	μg/g	97.80	47.885 2	48.96	84.15	1.826 7	25.22～280.80	偏态
Ba	μg/g	304.97	99.062 7	32.48	287.26	1.436 2	106.84～503.10	正态
Be	μg/g	2.41	1.447 3	60.14	2.05	1.756 2	0.66～6.32	对数正态
Bi	μg/g	0.81	0.569 1	70.69	0.65	1.896 4	0.18～2.34	偏态
Br	μg/g	4.06	3.091 3	76.23	3.14	2.011 0	0.78～12.71	偏态
CaO	%	0.14	0.074 8	52.48	0.12	1.809 3	0.04～0.40	对数正态
Cd	μg/g	0.11	0.044 2	40.77	0.10	1.534 7	0.04～0.23	偏态
Ce	μg/g	86.01	26.691 4	31.03	81.97	1.368 2	43.79～153.45	对数正态
Cl	μg/g	47.89	12.488 9	26.08	46.37	1.285 4	28.07～76.62	偏态
Co	μg/g	5.78	2.803 6	48.50	5.12	1.663 2	1.85～14.15	偏态
Corg	%	1.23	0.532 6	43.43	1.12	1.550 8	0.46～2.69	对数正态
Cr	μg/g	48.45	24.562 9	50.70	40.55	1.941 9	6.28～97.58	正态
Cu	μg/g	16.63	7.057 4	42.43	14.98	1.623 2	5.69～39.48	偏态
F	μg/g	537.79	163.872 3	30.47	513.24	1.362 6	276.43～952.92	偏态

续表 5-32

元素/指标	单位	算数平均值	算数标准差	变异系数	几何平均值	几何标准差	背景值	浓度概率分布类型
Ga	μg/g	18.29	6.745 9	36.88	17.04	1.469 3	7.89~36.79	偏态
Ge	μg/g	1.52	0.218 7	14.37	1.51	1.152 3	1.13~2.00	对数正态
Hg	μg/g	0.10	0.034 8	36.54	0.09	1.460 5	0.04~0.19	偏态
I	μg/g	2.93	2.818 6	96.08	1.91	2.483 6	0.31~11.79	偏态
K_2O	%	2.65	1.249 1	47.18	2.38	1.588 5	0.94~6.01	对数正态
La	μg/g	40.31	12.642 7	31.36	38.41	1.367 1	20.55~71.79	对数正态
Li	μg/g	38.43	17.214 1	44.79	34.75	1.580 6	13.91~86.82	偏态
MgO	%	0.46	0.176 0	38.35	0.43	1.461 8	0.20~0.91	对数正态
Mn	μg/g	302.15	196.279 3	64.96	242.57	1.986 0	61.50~956.74	对数正态
Mo	μg/g	0.77	0.369 7	48.01	0.69	1.633 8	0.26~1.83	对数正态
N	μg/g	1 158.60	428.285 3	36.97	1 081.56	1.457 2	509.35~2 296.62	偏态
Na_2O	%	0.17	0.096 4	55.92	0.15	1.742 9	0.05~0.45	对数正态
Nb	μg/g	19.52	5.757 0	29.49	18.76	1.321 3	10.75~32.75	偏态
Ni	μg/g	14.57	6.642 2	45.57	12.97	1.661 9	4.69~35.81	偏态
P	μg/g	569.50	248.629 9	43.66	515.77	1.580 5	206.48~1 288.39	偏态
Pb	μg/g	40.67	26.682 9	65.61	33.56	1.844 2	9.87~114.13	偏态
pH		5.09	0.439 6	8.63	5.08	1.089 0	4.28~6.02	偏态
Rb	μg/g	168.29	120.464 3	71.58	135.82	1.888 3	38.09~484.29	偏态
S	μg/g	209.62	61.511 2	29.34	200.70	1.348 5	110.37~364.96	偏态
Sb	μg/g	1.00	0.643 1	64.32	0.80	1.971 7	0.21~3.13	对数正态
Sc	μg/g	9.37	2.605 2	27.81	8.98	1.352 0	4.16~14.58	正态
Se	μg/g	0.35	0.158 0	44.87	0.32	1.544 0	0.13~0.76	对数正态
SiO_2	%	68.92	7.173 1	10.41	68.54	1.111 6	54.57~83.27	正态
Sn	μg/g	5.83	3.370 9	57.80	5.06	1.674 3	1.81~14.20	偏态
Sr	μg/g	27.34	12.348 9	45.17	24.65	1.590 2	9.75~62.32	对数正态
TC	%	1.30	0.537 7	41.34	1.20	1.509 9	0.52~2.73	对数正态
TFe_2O_3	%	3.73	1.414 9	37.92	3.46	1.484 1	1.57~7.63	偏态
Th	μg/g	15.23	5.003 9	32.86	14.49	1.366 5	7.76~27.05	对数正态
Ti	μg/g	4 162.98	1 365.536 9	32.80	3 909.62	1.453 2	1 431.91~6 894.05	正态
Tl	μg/g	1.09	0.778 2	71.53	0.88	1.891 5	0.25~3.14	偏态
U	μg/g	4.84	3.467 7	71.69	3.93	1.849 1	1.15~13.44	偏态
V	μg/g	68.50	25.194 1	36.78	59.61	1.597 0	23.37~152.02	偏态
W	μg/g	4.86	2.713 6	55.83	4.22	1.687 4	1.48~12.02	偏态

续表 5-32

元素/指标	单位	算数平均值	算数标准差	变异系数	几何平均值	几何标准差	背景值	浓度概率分布类型
Y	μg/g	30.84	9.658 4	31.32	29.42	1.359 5	15.92~54.38	对数正态
Zn	μg/g	54.60	19.228 1	35.22	51.13	1.450 8	24.29~107.63	偏态
Zr	μg/g	284.25	70.081 2	24.66	274.21	1.327 7	155.56~483.38	偏态

注："变异系数"单位为％。

表 5-33 新丰县土壤环境背景值参数统计表（$n=501$）

元素/指标	单位	算数平均值	算数标准差	变异系数	几何平均值	几何标准差	背景值	浓度概率分布类型
Ag	μg/g	0.07	0.026 3	38.51	0.06	1.509 6	0.03~0.14	偏态
Al_2O_3	％	18.09	4.547 6	25.13	17.48	1.308 5	8.99~27.19	正态
As	μg/g	5.38	4.906 9	91.28	3.67	2.375 9	0.65~20.71	偏态
Au	ng/g	1.10	0.669 3	61.10	0.92	1.804 4	0.28~2.99	对数正态
B	μg/g	41.99	40.892 0	97.39	26.03	2.682 6	3.62~187.33	偏态
Ba	μg/g	378.59	178.128 9	47.05	330.17	1.777 4	104.51~1 043.06	偏态
Be	μg/g	2.91	1.173 3	40.33	2.66	1.545 4	1.12~6.36	偏态
Bi	μg/g	0.97	0.604 0	62.35	0.80	1.858 6	0.23~2.78	对数正态
Br	μg/g	3.16	2.124 9	67.17	2.62	1.814 8	0.80~8.64	偏态
CaO	％	0.14	0.069 5	50.87	0.12	1.775 8	0.04~0.37	偏态
Cd	μg/g	0.10	0.038 4	39.45	0.09	1.502 6	0.04~0.20	偏态
Ce	μg/g	126.43	53.166 9	42.05	115.84	1.525 0	49.81~269.41	对数正态
Cl	μg/g	53.00	12.678 3	23.92	51.54	1.266 9	32.11~82.73	对数正态
Co	μg/g	5.38	2.938 8	54.63	4.58	1.811 2	1.39~15.01	偏态
Corg	％	1.26	0.490 8	38.90	1.16	1.564 0	0.47~2.83	偏态
Cr	μg/g	34.12	25.393 0	74.42	25.55	2.182 2	5.37~121.67	对数正态
Cu	μg/g	13.42	8.277 7	61.67	10.84	1.987 9	2.74~42.83	偏态
F	μg/g	427.71	89.782 5	20.99	418.30	1.236 7	273.50~639.76	偏态
Ga	μg/g	21.85	5.718 5	26.17	21.03	1.331 8	10.41~33.29	正态
Ge	μg/g	1.52	0.220 1	14.44	1.51	1.153 0	1.13~2.01	对数正态
Hg	μg/g	0.09	0.036 4	39.01	0.09	1.496 1	0.04~0.19	偏态
I	μg/g	1.70	1.000 4	59.01	1.45	1.720 7	0.49~4.31	偏态
K_2O	％	3.18	1.298 0	40.85	2.91	1.535 4	1.23~6.86	偏态
La	μg/g	56.48	29.956 2	53.03	49.30	1.691 6	17.23~141.06	对数正态
Li	μg/g	31.42	11.668 8	37.14	29.41	1.437 5	14.23~60.78	对数正态
MgO	％	0.36	0.144 8	40.47	0.33	1.532 4	0.14~0.77	偏态
Mn	μg/g	291.84	140.496 9	48.14	258.62	1.657 6	94.12~710.59	偏态

续表 5-33

元素/指标	单位	算数平均值	算数标准差	变异系数	几何平均值	几何标准差	背景值	浓度概率分布类型
Mo	μg/g	0.96	0.430 9	45.10	0.87	1.558 3	0.36～2.10	对数正态
N	μg/g	1 166.58	425.255 0	36.45	1 081.60	1.514 6	471.49～2 481.20	偏态
Na_2O	%	0.26	0.158 6	62.01	0.21	1.954 4	0.05～0.79	偏态
Nb	μg/g	26.09	8.050 2	30.86	24.88	1.363 3	13.39～46.25	对数正态
Ni	μg/g	11.94	7.609 1	63.74	9.74	1.907 8	2.68～35.46	对数正态
P	μg/g	472.50	218.244 0	46.19	418.92	1.679 0	148.60～1 180.96	偏态
Pb	μg/g	50.21	19.669 9	39.18	45.72	1.590 3	10.87～89.55	正态
pH		5.00	0.401 6	8.04	4.98	1.082 3	4.25～5.83	偏态
Rb	μg/g	211.20	112.516 2	53.28	181.88	1.754 1	59.11～559.61	对数正态
S	μg/g	226.01	81.077 6	35.87	211.74	1.442 5	101.76～440.58	偏态
Sb	μg/g	0.36	0.134 1	37.64	0.34	1.390 1	0.17～0.65	偏态
Sc	μg/g	8.66	2.684 1	31.00	8.24	1.372 9	4.37～15.54	偏态
Se	μg/g	0.32	0.129 1	40.25	0.30	1.459 4	0.14～0.63	偏态
SiO_2	%	65.37	5.758 6	8.81	65.10	1.094 2	54.38～77.95	偏态
Sn	μg/g	7.74	3.778 0	48.82	6.87	1.638 5	2.56～18.45	对数正态
Sr	μg/g	37.63	19.557 2	51.97	32.27	1.792 9	10.05～103.65	偏态
TC	%	1.35	0.497 3	36.93	1.25	1.490 1	0.56～2.78	偏态
TFe_2O_3	%	3.50	1.597 8	45.70	3.14	1.612 9	1.21～8.16	偏态
Th	μg/g	32.08	17.855 7	55.66	27.29	1.789 0	8.53～87.33	对数正态
Ti	μg/g	3 868.89	1 489.505 7	38.50	3 533.81	1.582 9	889.88～6 847.90	正态
Tl	μg/g	1.35	0.621 6	46.14	1.20	1.648 7	0.44～3.26	偏态
U	μg/g	7.76	4.303 1	55.42	6.50	1.871 1	1.86～22.76	偏态
V	μg/g	59.09	30.310 0	51.29	50.90	1.784 4	15.99～162.04	偏态
W	μg/g	4.66	1.979 8	42.48	4.27	1.520 7	1.85～9.88	对数正态
Y	μg/g	35.69	13.664 5	38.29	33.33	1.443 6	15.99～69.45	对数正态
Zn	μg/g	63.86	21.336 8	33.41	60.22	1.422 4	29.76～121.84	偏态
Zr	μg/g	334.31	102.390 6	30.63	318.96	1.364 0	171.44～593.42	偏态

注:"变异系数"单位为%。

表 5-34 乳源县土壤环境背景值参数统计表($n=422$)

元素/指标	单位	算数平均值	算数标准差	变异系数	几何平均值	几何标准差	背景值	浓度概率分布类型
Ag	μg/g	0.09	0.042 9	47.04	0.08	1.598 1	0.03～0.21	对数正态
Al_2O_3	%	16.53	5.142 6	31.12	15.71	1.382 7	8.22～30.04	偏态

续表 5-34

元素/指标	单位	算数平均值	算数标准差	变异系数	几何平均值	几何标准差	背景值	浓度概率分布类型
As	μg/g	19.04	15.389 1	80.84	13.51	2.388 2	2.37～77.08	偏态
Au	ng/g	1.48	1.022 0	69.15	1.15	2.078 1	0.27～4.97	对数正态
B	μg/g	79.29	61.070 3	77.02	54.63	2.559 1	8.34～357.79	偏态
Ba	μg/g	241.46	110.201 4	45.64	216.57	1.616 8	82.85～566.12	偏态
Be	μg/g	3.50	2.507 4	71.68	2.74	2.016 6	0.67～11.15	对数正态
Bi	μg/g	1.77	1.614 3	91.12	1.21	2.391 4	0.21～6.90	偏态
Br	μg/g	6.91	5.249 7	75.92	5.08	2.287 1	0.97～26.58	偏态
CaO	%	0.14	0.100 2	70.28	0.11	2.074 3	0.03～0.48	对数正态
Cd	μg/g	0.24	0.150 1	62.38	0.20	1.877 6	0.06～0.70	对数正态
Ce	μg/g	81.12	24.306 8	29.96	77.67	1.344 8	42.95～140.46	对数正态
Cl	μg/g	52.89	17.069 9	32.27	50.09	1.402 0	25.48～98.45	偏态
Co	μg/g	7.57	6.200 7	81.90	5.06	2.604 8	0.75～34.31	对数正态
Corg	%	1.71	0.742 8	43.49	1.54	1.610 1	0.59～4.00	偏态
Cr	μg/g	54.62	35.727 1	65.42	40.86	2.318 2	7.60～219.57	偏态
Cu	μg/g	18.14	12.150 1	66.99	14.06	2.133 8	3.09～64.00	偏态
F	μg/g	643.49	251.848 4	39.14	597.87	1.466 7	277.92～1 286.14	对数正态
Ga	μg/g	20.66	7.142 2	34.57	19.35	1.455 5	9.13～40.99	偏态
Ge	μg/g	1.43	0.223 5	15.63	1.41	1.167 8	1.04～1.93	对数正态
Hg	μg/g	0.14	0.060 6	44.16	0.12	1.580 7	0.05～0.31	偏态
I	μg/g	6.71	6.027 9	89.80	4.02	3.052 4	0.43～37.44	偏态
K_2O	%	2.77	1.329 4	47.99	2.46	1.634 1	0.92～6.58	对数正态
La	μg/g	32.94	9.972 8	30.28	31.33	1.387 6	16.27～60.33	偏态
Li	μg/g	48.80	24.100 2	49.38	42.54	1.750 1	13.89～130.29	偏态
MgO	%	0.56	0.337 4	60.03	0.47	1.888 6	0.13～1.66	对数正态
Mn	μg/g	378.88	289.794 1	76.49	284.11	2.191 7	59.15～1 364.76	对数正态
Mo	μg/g	1.30	0.764 0	58.59	1.10	1.800 1	0.34～3.57	对数正态
N	μg/g	1 534.76	609.188 2	39.69	1 412.60	1.528 5	604.63～3 300.27	偏态
Na_2O	%	0.19	0.124 1	65.79	0.16	1.816 4	0.05～0.52	偏态
Nb	μg/g	21.73	6.688 4	30.78	20.75	1.355 1	11.30～38.11	对数正态
Ni	μg/g	16.98	11.863 4	69.87	12.86	2.191 9	2.68～61.76	对数正态
P	μg/g	501.24	232.808 9	46.45	448.28	1.629 6	168.81～1 190.46	偏态
Pb	μg/g	53.15	25.923 3	48.78	46.80	1.691 3	16.36～133.87	偏态
pH		5.60	1.157 1	20.68	5.49	1.213 2	3.73～8.08	偏态
Rb	μg/g	227.94	170.752 5	74.91	173.89	2.082 0	40.12～753.78	偏态

续表 5-34

元素/指标	单位	算数平均值	算数标准差	变异系数	几何平均值	几何标准差	背景值	浓度概率分布类型
S	µg/g	266.00	91.3627	34.35	250.51	1.4229	123.73～507.19	偏态
Sb	µg/g	2.17	1.9241	88.63	1.49	2.3896	0.26～8.53	对数正态
Sc	µg/g	9.21	3.8238	41.52	8.44	1.5298	3.61～19.75	对数正态
Se	µg/g	0.58	0.2753	47.82	0.51	1.6236	0.20～1.36	对数正态
SiO_2	%	65.52	9.0521	13.82	64.86	1.1543	47.42～83.62	正态
Sn	µg/g	11.39	9.1143	80.01	8.30	2.2269	1.67～41.14	偏态
Sr	µg/g	28.88	14.0293	48.58	25.77	1.6119	9.92～66.96	对数正态
TC	%	1.82	0.8015	43.98	1.64	1.6085	0.64～4.25	偏态
TFe_2O_3	%	4.07	1.9070	46.80	3.62	1.6563	1.32～9.92	偏态
Th	µg/g	27.48	19.3645	70.46	22.12	1.8929	6.17～79.24	偏态
Ti	µg/g	3 798.15	1 668.0609	43.92	3 358.09	1.7079	462.03～7 134.27	正态
Tl	µg/g	1.57	1.0436	66.47	1.25	1.9765	0.32～4.90	对数正态
U	µg/g	7.96	6.1627	77.41	5.93	2.1535	1.28～27.51	偏态
V	µg/g	69.88	41.9324	60.01	55.39	2.1031	12.52～245.00	偏态
W	µg/g	6.69	4.6540	69.58	5.31	1.9722	1.37～20.67	对数正态
Y	µg/g	33.67	14.2868	42.44	31.04	1.4870	14.04～68.63	偏态
Zn	µg/g	69.12	27.9917	40.50	63.57	1.5207	27.49～147.02	偏态
Zr	µg/g	248.38	69.3847	27.94	237.97	1.3529	109.61～387.15	正态

注:"变异系数"单位为%。

表 5-35 各行政区土壤环境背景值最高背景与最低背景元素/指标统计

行政区	全区背景最高元素/指标	全区背景最低元素/指标
乐昌市	Co、F、MgO、Mn、P、pH、Zn	Y
仁化县		Co、Ge、Sc、Fe_2O_3、Ti、V
南雄市	Ba、Be、K_2O、La、Li、Na_2O、Rb、Sn	Br、Corg、Hg、I、Mo、N、S、Se、TC
始兴县	Tl	
乳源县	Br、Corg、I、Mo、N、S、Se、TC	CaO、La、Zr
翁源县	B、Sc	Bi、Sr、Zn
新丰县	Al_2O_3、Ce、Cl、Ga、Nb、Th、U、Zr	Ag、As、Au、B、Cd、Cr、Cu、F、Li、MgO、Ni、pH、Sb、SiO_2
浈江区	As、Au、CaO、Cd、Cr、Cu、Hg、Ni、Sb、SiO_2、Sr、Fe_2O_3、Ti、V	Al_2O_3、Ba、Be、Ce、Cl、Ga、K_2O、Na_2O、Nb、Pb、Rb、Sn、Th、Tl、U、W
武江区	Ge、Pb、W、Y	P
曲江区	Ag、Bi	Mn

第六节 土壤重金属元素高背景分布范围及特点

韶关市是我国著名的有色金属之乡,也是重金属铅、锌、镉等污染问题突出的地区,广东省的7个国家一级重点重金属防控区中有4个位于韶关市。本次土壤环境背景值调查中,将As、Cd、Cr、Cu、Ni、Hg、Pb、Zn共8个元素的背景上限值作为元素高背景的下限值,将韶关市重金属元素背景值区圈定出来,分别进行分析讨论。

1. As的高背景区分布范围及特点

利用As背景值上限圈定韶关市As高背景区,高背景区分布面积约1276km²,约占全区土地总面积的6.93%,其分布范围如图5-2所示。

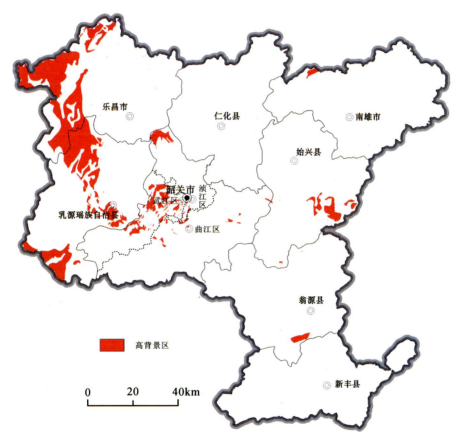

图5-2 韶关市As高背景区分布图

由图5-2可见,在韶关市,As背景值总体表现为西高东低的趋势,其高背景区主要集中分布在韶关市西北的乐昌市坪石镇至乳源县大桥镇一带,呈南北向展布;另在乳源县西南部的大布镇及始兴县中部司前镇,也各形成一个较大规模的高背景区。

As土壤环境高背景值区受成土母质母岩因素影响明显,其高背景区多与碳酸盐岩类成土母质的分布位置高度吻合,局部如始兴县司前镇,受酸性火山喷出岩类成土母质的分布影响,也显示出As高背景的特点。

2. Cd 的高背景区分布范围及特点

韶关市土壤环境 Cd 高背景区分布如图 5-3 所示,全区 Cd 高背景区面积为 1945km²,约占全区土地总面积的 10.56%。在韶关市,Cd 高背景区总体分布在始兴县—仁化县—乐昌市一线以南、新丰县—乳源县一线以北所夹区域,整体呈北西-南东向分布。

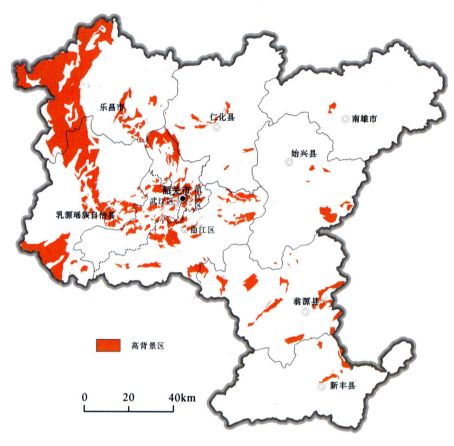

图 5-3　韶关市 Cd 高背景区分布图

与 As 的高背景区分布相似,Cd 土壤环境高背景区受成土母质母岩因素影响明显,其高背景区亦多与碳酸盐岩类成土母质的分布位置高度吻合。在碳酸盐岩类成土母质区发育的土壤,Cd 的土壤环境背景值几何平均值为 0.31μg/g,背景值上限高达 1.45μg/g,均远远高于其他成土母质类发育土壤的 Cd 环境背景值含量范围,接近同等土壤酸性条件下农用地土壤污染风险筛选值的 3.6 倍。值得关注的是,Cd 在韶关市周边沿北江冲积带呈碎块状高含量分布,这些地区恰恰是工农业生产重点地区,应引起各方重视。

3. Cr 的高背景区分布范围及特点

韶关市土壤环境 Cr 高背景区分布如图 5-4 所示,全区 Cr 高背景区面积为 1754km²,约占全区土地总面积的 9.53%。在韶关市,Cr 背景值总体表现为以乳源县—乐昌市—仁化县—始兴县为环带,环绕韶关市区呈空心的环带分布,另在南雄市北部澜河—梅岭一线以北形成一个呈东西展布的高背景区。

Cr 土壤环境背景值受成土母质母岩因素影响明显,其高背景区多与碳酸盐岩、酸性火山喷出岩、变质岩等分布有关。在酸性火山喷出岩类成土母质区,Cr 的环境背景值上限高达 329μg/g,可能为受酸性火山喷出岩的出露规模面积总体偏小的影响。Cr 土壤环境形成规模的高背景区主要受变质岩、浅变质岩类成土母质区的分布控制。

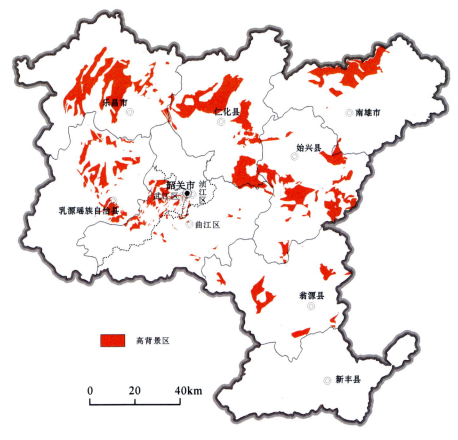

图 5-4 韶关市 Cr 高背景区分布图

4. Hg 的高背景区分布范围及特点

韶关市土壤环境 Hg 高背景区分布如图 5-5 所示,全区 Hg 高背景区面积为 870km², 约占全区土地总面积的 4.73%。在韶关市, Hg 高背景区分布由北往南, 从乐昌市的黄圃县、沙坪镇经乳源县的大桥镇至武江区的龙归镇、西联镇一带, 呈条带状近南北向分布, 另在乳源县大布镇形成一个较高的背景区。

Hg 土壤环境背景值受成土母质母岩因素影响明显, 其高背景区的形成主要受碳酸盐岩类成土母质的控制。在碳酸盐岩类成土母质发育的土壤中, Hg 土壤环境背景值均有很好的响应, 形成高背景区。

5. Ni 的高背景区分布范围及特点

韶关市土壤环境 Ni 高背景区分布范围较小, 全区 Ni 高背景区分布面积为 50km², 约占全区土地总面积的 0.27%。Ni 高背景区主要集中分布于始兴县的司前镇与罗坝镇的交界位置, 主要受酸性火山喷出岩类成土母质控制, 特别是英安玢岩的成土母质区, 基本就是 Ni 的高背景区。

6. Cu、Pb、Zn 的高背景区分布范围及特点

韶关市土壤环境背景值的参数统计结果显示, 韶关市, Cu、Pb 及 Zn 的背景值上限分别为 48μg/g、128μg/g、132μg/g, 对比农用地土壤污染筛选值, 其背景高值是相对较低的。但是, 参照韶关市 3969 件样品数据, 不难发现在韶关市这 3 个重金属元素在全市不同矿区(图 5-6)周边可形成局部的极高背景区。

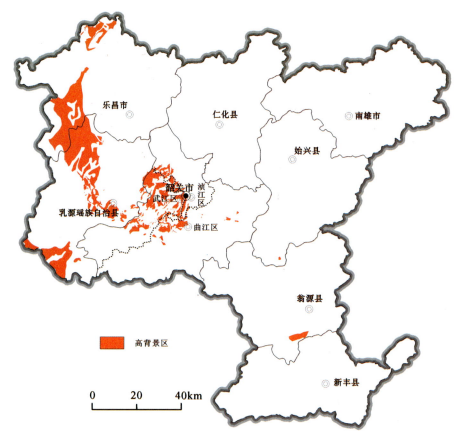

图 5-5　韶关市 Hg 高背景区分布图

Cu 的土壤环境含量最高值为 421μg/g，出现在大宝山矿区周边的土壤中。矿区周边 Cu 土壤环境含量范围为 153~421μg/g，其他 100~308μg/g 高背景的范围都不同程度地受控于矿点的分布位置。例如乳源县大布镇的黄家山、曲江区的小坑、大笋以及乐昌市的龙胫等地，大都为钨矿矿点区，与 Cu 高背景区的分布具有很高的吻合度。

Pb 的土壤环境含量高背景区也与矿区高度吻合，在仁化县凡口、曲江区大宝山以及乳源县的大布镇黄家山周边等地。Pb 土壤环境含量大于 200μg/g 的样品集中出现，反映出这些地方在矿产的形成过程中也富集了大量的 Pb，最终形成 Pb 的高背景区。

Zn 土壤环境含量大于 200μg/g 的样品大规模出现在乳源县大布镇黄家山周边，在 100 多平方千米的范围内，Zn 的土壤环境平均值高达 372μg/g，另外在曲江区大宝山、仁化县凡口以及乐昌市禾尚田等矿区周边的土壤中也有较多大于 200μg/g 的样品出现，形成 Zn 的高背景区。

另外，Cu、Pb、Zn 这 3 个元素在乐昌市坪石镇沿河岸两旁的土壤中均有高含量的样品出现，但周边并未有形成规模的矿产资源，猜测与区域外的矿点有关。

总体而言，韶关市重金属高背景区的分布主要受各类地质母质母岩的分布以及各矿集区分布位置影响。其中，As、Cd、Hg 这 3 个元素的高背景区受控于碳酸盐岩类成土母质母岩的展布；Cr 与变质岩、浅变质岩类成土母质的分布密切相关；Ni 高背景区分布较小，但与酸性火山喷出岩的位置有很好的响应；Cu、Pb、Zn 这 3 个元素的高背景区分布，则为各个矿产资源分布区所限。

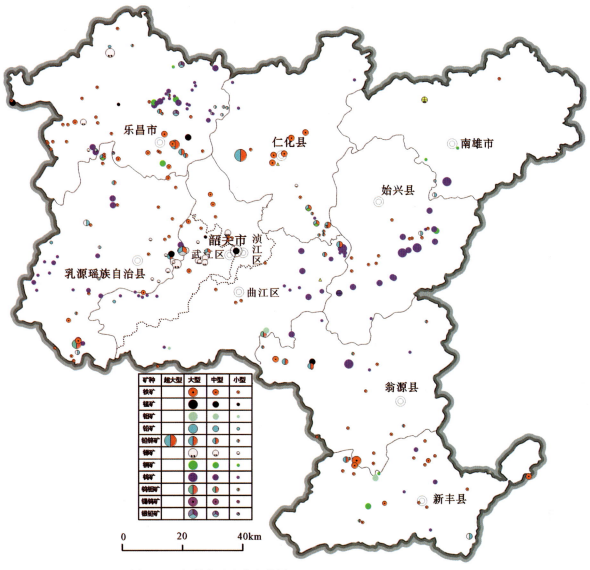

图 5-6　韶关市矿产分布简图（据韶关市人民政府 2018 年数据制图）

第六章 结论与建议

第一节 主要认识

一、土壤元素的地球化学空间分布特征

韶关市元素区域地球化学的空间分布受区域地质条件、地形地貌以及工农业生产布局等因素共同影响,且在韶关市全域形成了弧形山系和弧形山间区域地球化学特征迥异的两大片区。

(1)弧形山系北部表层土壤地球化学特征总体上与其母岩地球化学元素特征相似,即亲铁元素、亲硫元素及大多数重金属元素呈现低背景,而 K_2O、Na_2O、Al_2O_3、Be、Bi、Br、Cl、Ga、Ge、Li、Pb、Sn、U、Tl、Th、Nb、Rb、Corg 等呈现高背景;中部总体上为亲石元素高背景和亲铁元素、亲硫元素低背景,如 K_2O、Na_2O、Al_2O_3、Be、Bi、Br、Ce、Cl、Ga、Ge、I、La、Mo、Nb、Rb、Pb、S、Sn、W、Y、U、Tl、Th、Corg 等呈高背景;南部表现为亲石元素高背景、亲铁元素和亲硫元素低背景,而 K_2O、Na_2O、Al_2O_3、Ba、Be、Bi、Br、Ce、Cl、Ga、Ge、I、La、Mo、Nb、Rb、Zr、Y、U、Tl、Th、Corg 等含量高,多呈高背景。

(2)弧形山间因流域不同呈现迥异的元素空间分布特征。武江流域除坪石盆地亲铁元素表现为低背景外,其余地区亲铁元素、亲硫元素的多种元素均表现为高背景;浈江流域总体上亲硫元素及大多重金属元素呈现高背景;其他地区总体上亲铁元素、亲硫元素大多高背景,而 Ba、Ce、Ga、La、Rb、Tl、Al_2O_3、K_2O 属低背景,其他元素含量接近全区背景。

二、重金属元素、营养元素及有益元素富集分布特征

(1)全区富集最严重的重金属元素是 Cd、As、Hg,其中 Cd 表现为大面积连续分布特征与灰岩地层套合较好,且在多金属矿成矿区、河流两侧出现较高含量;As 出现多处高值区与热液成因矿区套合较好;Hg 富集区连片与矿区套合较好且在城市区域出现高值区;另 Cu、Pb、Zn 富集区呈点状分布与矿点位置套合较好。

(2)韶关市营养有益元素/指标 TC、Corg、S、N、P、K_2O 富集区主要分布于山区,而以南雄盆地为代表显示了耕作区域有益元素/指标整体相对缺乏。

(3)韶关市属富硒区,土壤中 Se 含量高,分布面积广。韶关市表层土壤 Se 含量区间为 $0.06 \sim 10.8 \mu g/g$,平均含量为 $0.36 \mu g/g$,整体含量接近国家土壤富硒标准值为 $0.40 \mu g/g$,是全国土壤平均含量的 1.8 倍。韶关市土壤 Se 高含量($0.4 \sim 3\mu g/g$)的土地面积达 $8097 km^2$,占全区土地总面积的 43.98%,主要分布在乳源县、乐昌市、武江区、曲江区、始兴县、新丰县等地。

三、土壤元素地球化学基准值特征

(1)韶关市地质背景比较复杂,山地、丘陵以花岗岩、砂页岩为主,片岩、片麻岩、石灰岩等次之,河谷平原以近代河流冲积物为主,山地丘谷地和盆地则以冲洪积物为主。土壤元素地球化学基准值与地壳丰度相比,富集Bi、N、I、B、As、Be、Cd、Li、Pb、Rb、Se、Sn、Th、Tl、U、W、Ce、Ga、Ge、K_2O、Nb、Zr共22项元素/指标,贫化CaO、MgO、Na_2O、Fe_2O_3、Co、Cr、Mn、Ni、Ti、V、Sc、Ag、Au、Cu、Ba、Sr、Br、Cl、P、S、Corg共21项元素/指标,其他10项与地壳丰度接近。该组合反映出区内土壤的中酸性地球化学特征,富集与酸性岩浆岩、砂页岩、成矿有关的元素,贫化与基性岩、碳酸盐岩有关的元素。

(2)土壤元素地球化学基准值继承了成土母岩母质的元素地球化学特征。第四纪沉积物成土母质土壤中As、B、Sb、CaO、Cr、Ni、V、Au、Cu共9项元素/指标地球化学基准值明显高于全区土壤地球化学基准值。紫红色砂页岩类成土母质中CaO、MgO、Co、Cr、Ag、Sr、B共7项元素/指标明显高于全区土壤地球化学基准值,其余大部分元素/指标与全区基准值相当。砂页岩类成土母质中Cr、Fe_2O_3、V、As、Au、Hg、Sb、Se、B、Ni、Cu、Sc、Br、I、N共15项元素/指标相对富集,Be、Bi、Sn等元素强度贫化,其余大部分元素/指标与全区基准值相当。碳酸盐岩类成土母质中Co、Cr、Ni、V、CaO、MgO、Au、As、Cu、Hg、Sb、Cd、Fe_2O_3、Mn、Zn、Br、B、F、N共19项元素/指标相对富集。花岗岩类成土母质以富集Be、Rb、K_2O、Na_2O、Sn、Bi、Pb、Tl、Th、U、Al_2O_3、Ce、Li、Nb、W、Ga,贫化Cr、Ni、Au、As、Cu、Sb、B、MgO、Fe_2O_3、V、Co、Ti为特点。酸性火山喷出岩类成土母质中Sc、Cr、V、Co、Mn、MgO、As、Br、I、P、Fe_2O_3、Ni、Ti、Au、Cu、Sb、Ba、Cd、TC、Corg共19项元素/指标相对富集。变质岩类成土母质中Co、Cr、Ni、V、As、Au、Cu、Sb、Se、Br、I、P、S、Corg、MgO、Fe_2O_3、Sc、Ba、B、N、TC共21项元素/指标相对富集,CaO、Na_2O、Rb、Th、U、Sn、Bi、Tl等相对贫化,其余大部分元素/指标与全区基准值相当。

四、土壤环境背景值特征

(1)韶关市土壤环境背景值与全国土壤背景值相对比,稀有稀土元素(除Sc、La、Zr外)、放射性元素、钨钼族元素(除Mo外)、亲铜元素和Al_2O_3均有不同程度的富集,尤其Se、Li、Be、Rb、Th、Pb、Tl、U、Cd、W、Hg、Bi、Sn达强度富集;严重贫化的有CaO、Na_2O、Sr、Cl、MgO、Co、Mn、Ni、I,主要亲铜成矿元素、部分铁族元素、Sc、Mo、Ba、Br也均不同程度贫化,表明韶关市是这些元素的相对低背景区;其他元素/指标含量与全国土壤背景值相当。

(2)成土母质是土壤环境背景值最重要的影响因素。第四纪沉积物成土母质大部分元素背景值与全区土壤背景值相当,仅Au、As、CaO、Sb、B表现为高背景。紫红色砂页岩类成土母质大部分元素土壤背景值与全区相当。砂页岩类成土母质Ti、Co、Fe_2O_3、Se、Ni、V、Au、Br、Cr、B、As、Sb、I表现为高背景。碳酸盐岩类成土母质土壤背景值以强度富集元素/指标数量最多为特点,主要为Fe_2O_3、V、Co、Ni、Cr、Cu、Au、As、Sb、MgO、CaO、F、I、B和Cd。花岗岩类成土母质相对富集W、Pb、K_2O、Na_2O、Tl、Th、Be、Rb、Sn、U、Bi。酸性火山喷出岩类成土母质相对富集Fe_2O_3、Mn、V、Cr、Ni、Co、CaO、MgO、As、Sb、Cu、Br、I以及Sc。变质岩类成土母质总体表现为相对富集Fe_2O_3、Mn、V、Cr、Ni、Co、Br、I、Au、Sb、Cu、As和MgO。

(3)不同土壤类型元素背景值差异较大,红壤背景值与深层土壤地球化学基准值对比富集的元素/指标主要包括Se、Br、Hg、Ag、P、S、Cd、N、TC、Corg等。潴育型水稻土土壤环境背景值相对富集Cd、N、TC、Corg、Sr、Cl、Na_2O、B、Zr、CaO、Hg、Au、Ag、P、S共15项元素/指标。黄壤背景值相对富集程度最强的为Cd、S、N、TC、Corg。赤红壤相对富集元素包括Br、Ag、Na_2O、Pb、Rb、Bi、U、Sn、P、Cd、S、N、

TC 和 Corg，黄红壤以 I、Ga、Li、Na$_2$O、K$_2$O、Th、Pb、Be、Tl、Sn、Bi、Rb、U 等 16 项元素/指标相对富集为特点。石灰土显著特点是大部分元素/指标的背景值普遍较高，有 25 项元素/指标明显高于全区土壤背景值，包括 N、pH、Sc、Ti、Zn、Sr、Se、Fe$_2$O$_3$、Mo、MgO、Cu、F、Hg、Au、Mn、V、Co、Ni、CaO、I、Cr、B、Cd、As、Sb 等。紫色土相对富集的元素/指标有 Br、Ag、Na$_2$O、Pb、Rb、Bi、U、Sn、P、Cd、S、N、TC、Corg 等。总体来看，黄壤、黄红壤、石灰土等土类部分元素/指标背景值远高于其他土类单元背景值，为区内大部分元素/指标高背景值土壤类型；红壤与潴育性水稻土的元素/指标背景值大致与全区的背景值相当；而赤红壤、紫色土大部分元素/指标背景值则表现出远低于其他土类元素/指标背景值的特点。

（4）不同行政区元素/指标背景值具有明显的分异特征，各行政区均有各自不同的呈富集趋势的元素/指标，其中分异富集贫化最为明显的是新丰县、浈江区和南雄市，这 3 个行政区高背景及低背景元素/指标数量占了全区的极大部分，乐昌市、乳源县、翁源县以及武江区的 4 个行政区高背景及低背景元素/指标各占少数，仁化县没有高背景元素/指标，而曲江区、始兴县大部分元素/指标背景值介于各市（县、区）之间。

第二节　建　议

（1）韶关市土壤环境背景值调查获得了高精度的全域数据，包含了丰富地质地球化学信息，可广泛应用于环保、国土、农业、卫生等领域，受笔者现有的认识程度和时间的限制，现有数据的分析仅是初步的、局部的，对数据的理论和实践价值还需要持续不断的开发研究。

（2）结合本次工作，进行了高背景区边界的圈定和背景值监测网络的建立。在调查基础上，应综合考虑地质、地形地貌、土壤类型、土地利用等因素，在已划定高背景区范围开展大比例尺调查，圈定高背景区具体边界；另结合数据结果，按不同区域、影响因素单元的选择点位要开展长期监测，建立土壤环境背景值监测网络。

（3）根据需要开展建设用地土壤健康风险评估筛选值标准的研究与制定。综合考虑韶关市自然环境、地质背景、经济状况、技术水平、管理需求等因素，明确筛选值取值原则，并与国内外同类标准进行对比分析，评估筛选值取值合理性，在此基础上确定韶关市建设用地土壤健康风险评估筛选值。另外，结合韶关市产业结构特点，确定筛选值需要重点考虑的污染物名录，梳理确定土地利用类型、暴露情景、暴露途径、模型参数和可接受风险水平，优化调整筛选值。建设用地土壤健康风险评估筛选值标准的研究与制定可为促使韶关市建设用地土壤健康风险评估工作更加科学化、标准化和规范化提供依据。

（4）根据需要开展沿北江冲积带 Cd 及其他元素生态地球化学评价。本次调查结果，首次发现 Cd 沿北江冲积带高含量分布的特征。关于大面积的沿江 Cd 高值带是怎样形成、沿江 Cd 高值带对生态环境的影响，这些调查结果应引起社会各方面的高度重视。对于这一重大生态环境地质问题，建议开展沿北江冲积带 Cd 及其他元素生态地球化学评价工作，评价沿江 Cd 及其他元素高值带对生态环境的影响，确定 Cd 及其他元素高值带的形成原因。具体工作任务如下：依据沿江 Cd 高含量及其他元素的区域地球化学分布，选取 Cd 及其他元素的不同分布区，通过典型土壤剖面、特征点位采集水平剖面及垂直剖面样，对其在不同环境条件下的分布规律进行研究；采集不同环境条件下的土壤形态分析样品和土壤溶液及地下水样品，研究 Cd 及其他元素基于环境条件下的分配特征和迁移转化特征；采集不同环境条件下的生物样品，研究 Cd 及其他元素的生物富集度和生态效应；查明影响 Cd 迁移转化的相关生态环境因子，研究不同生态环境因子在时间和空间上对生态效应的响应尺度，进行沿江 Cd 及其他元素/指标的生态地球化学预警、预测；溯江采集河漫滩冲积物、底积物、悬浮物、水样品，采集水系上游天然富集源岩石、土壤样品，采集城区污染源及大气降尘样品，查明 Cd 及其他元素/指标高含量的来源并进行系统研究。

主要参考文献

陈国光,奚小环,梁晓红,等,2008.长江三角洲地区土壤地球化学基准值及其应用探讨[J].现代地质,22(6):1041-1048.

陈显伟,林杰藩,赖启宏,等,1996.广东省地球化学图说明书水系沉积物测量(1∶500 000)[R].广州:广东省地质勘查开发局区域地质调查大队.

迟清华,鄢明才,2007.应用地球化学元素丰度数据手册[M].北京:地质出版社.

广东省地质矿产局,1988.广东省区域地质志[M].北京:地质出版社.

广东土壤普查办公室,1993.广东土壤[M].北京:科学出版社.

黎彤,倪守斌,1990.地球和地壳的化学元素丰度[M].北京:地质出版社.

刘英俊,曹励明,李兆麟,等,1984.元素地球化学[M].北京:科学出版社.

农业环境背景值研究编写组,1997.农业环境背景值研究[M].上海:上海科学技术出版社.

戎秋涛,翁焕新,1990.环境地球化学[M].北京:地质出版社.

史崇文,赵玲芝,郭新波,等,1996.山西省土壤元素背景值的分布规律及其影响因素[J].农业环境保护,15(1):24-28.

万洪富,郭治兴,邓南荣,等,2005.广东省土壤资源及作物适宜性图谱[M].广州:广东科技出版社.

夏家淇,骆永明,2007.我国土壤环境质量研究几个值得探讨的问题[J].生态与农村环境学报,23(1):1-6.

杨大欢,肖光铭,武国忠,等,2015.广东省重要矿产区域成矿规律[M].广州:广东人民出版社.

中国土壤环境监测总站,1990.中国土壤元素背景值[M].北京:中国环境科学出版社.

中国土壤环境监测总站,1994.中国土壤元素背景值图集[M].北京:中国环境科学出版社.